Public Art International Forum & Education Seminar

集

公共艺术国际论坛暨教育研讨会

Public Art International Forum & Education Seminar

GUANGXI NORMAL UNIVERSITY PRESS
广西师范大学出版社
· 桂林 ·

目　录

序言 1

○ 杭 间

文学博士，清华大学美术学院教授、博士生导师。汕头大学长江艺术与设计学院顾问、教授。毕业于中央工艺美术学院史论系，曾任《装饰》杂志主编，清华大学美术学院艺术史论系首任系主任。

2003年秋天，靳埭强先生被汕头大学聘为长江艺术与设计学院院长的时候，当时学院有设计系和美术系两个专业系，美术系招生侧重于美术教育。众所周知，靳院长是一位著名的平面设计家，他从发展设计着手的办学方针既在情理之中，又是当时中国发展设计教育热的需要。几年间，汕大的“艺术设计”专业便发展得很有规模和影响了。

但靳院长和学院的顾问们的目标不止于此，靳先生风格独特的山水画其时在香港和内地也已经有相当的影响了，广州市政协还为他举办过画展。另一位顾问荣念曾先生在香港是著名的艺术团体“进念二十面体”的艺术总监，在香港的艺术界资历深厚，德高望重，很富有影响力。还有一位是刘小康先生，他虽然是“靳与刘设计顾问公司”的合伙人，也是位著名的平面设计师，但他早就涉足装置艺术，他的借由椅子系列演变而来的装置艺术，独树一帜，成为代表香港当代艺术的重要文化景观之一。更年轻的顾问胡恩威、陈育强两位，前者在海峡两岸和香港已有很大的影响，他不但是建筑师和作家，而且还是一位相当新锐的导演，与三地导演合作，在北京、香港和台北，常常有他的作品公演；后者是香港中文大学艺术系的教授，不但创作理论甚佳，其思想也很具有国际视野。至于我和王受之先生，学术研究重点虽然主要在设计史，但我们长期都对现当代艺术有兴趣，王先生出版有《中国当代艺术史》等，而我也有《新具象艺术》等行世。

在顾问会上，大家一致认为，仅仅着力发展设计学科是不够的，应该有纯艺术学科的同时并进。

因此，如何改造原有的美术系就成了学院的重要目标之一。其时，从培养中小学师资的角度出发的美术师范专业，学院经过十余年的努力，在粤东的使命已基本完成，而广东境内还有华南师范大学，是培养美术教育专业人才的重镇；还由于就业等因素的影响，汕大此时已可以考虑美术教育专业的转型问题。记得那一年的两次顾问会分别在香港和深圳召开，经过反复权衡，大家一致同意美术系主要朝“公共艺术”专业方向发展。

“公共艺术”对中国艺术教育而言，起步甚晚，且又理解不一，教育思想繁杂。中国传统公共艺术的概念，与今日世界流行的公共艺术观念有很大的差异，这主要源于中国文化中对“民主”与“公共”的价值理念有很大的不同。概括说来，今日的“公共艺术”包含两层含义：一是为“公共”的艺术，一是在“公共”的艺术。这两个概念虽然说起来简单，但在实际中艺术何以“公共”却是一个十分困难的问题。它的困难不在于艺术概念的界定，而在于“公共”的时空关系的流动性和复杂性，但讨论具体到社区、景观、雕塑、设计以及使用者的时候，“公共艺术”的民主性与文化价值等问题，往往发生冲突。这种歧义的产生所引发的问题，在经济全球化时代变得十分迫切，这是因为在资讯时代，区域中的很多文化问题都会变成国际问题；另一方面，20世纪80年代以来，无论是公共空间中的自然人还是社区中的建设意识，其民主的价值观都达到前所未有的程度，当代艺术的观念的滥觞为这种公共民主提供了丰富的思想和形象资源，因此，对于中国这样的一个发展中国家来说，发展“公共艺术”既是一种文化建设的需要，也是一种策略。

为此，学院有意识地引进有关人才，其中张宇教授就是在这样的背景下加入学院团队的。张宇教授先毕业于中央美术学院雕塑系，后赴德国纽伦堡艺术学院（Akademie der Bildenden Künste in Nürnberg）就学，学成归国后因认同汕大的理念而从北京来到粤东，此次汕头大学“公共艺术国际论坛暨教育研讨会”就是由刘小康顾问和他一起策划推进的。

汕头大学的桑浦山日月湖畔经常见证一些重要人物的思想交锋，这次公共艺术国际学术活动有中、美、德等国以及中国的港澳台地区的著名公共艺术家和理论家参加，群贤毕集，学院特意为此展出的学生的公共艺术作品亦生气勃勃，多样有趣，它们与阳光灿烂绿草如茵碧波荡漾及艺术学院白色的校舍等一起，构成了对此次国际会议的难忘记忆。

现在，学院将此次会议的论文、嘉宾观点结集出版，我应约写以上的文字。

序言

○ 张 宇

教授，汕头大学长江艺术与设计学院美术系主任；德国纽伦堡国立艺术学院“大师生”；早年毕业于中央美术学院雕塑专业。

○ 刘小康

香港设计中心董事局主席及香港设计总会秘书长，香港艺术发展局艺术顾问，香港理工大学设计学院Design Task Force副主席、助理教授和香港大学专业进修学院设计文凭课程顾问委员。汕头大学长江艺术与设计学院顾问。

○ 陈育强

教授，毕业于香港中文大学艺术系，其后于美国鹤溪艺术学院获艺术硕士学位。汕头大学长江艺术与设计学院顾问。

在艺术的多样性成为一种文化现象的今日，众说纷纭既是表达亦是聆听的机会。一侧是网络自由发言方式的日新月异，另一侧是传统研讨方式的我行我素。在网络世界看似无序的自由发言方式的喧闹声中，传统的研讨会反其道而行之却似乎突出了其稳健的特色。

公共艺术成为一个专有名词虽是近年来的事，但是随着中国城市建设的高速发展，公共艺术这个词汇的出现频率忽然成倍地增长。无论其积极意义有多少，但起码模模糊糊的公共艺术概念开始进入了大众的视野。反观之，公共艺术在华人世界乃至全球范围，其实并非有着十分清晰的概念，反倒有“仁者见仁，智者见智”之嫌。

如果我们以艺术的方式来看，无定论也许才符合其特性。不过，不求定论未必不求议论，这恐怕即是各路精英应邀来到汕头大学出席2008年汕头大学“公共艺术国际论坛暨教育研讨会”之目的。带着各自的头脑，在洋溢着公共艺术氛围的汕头大学学术交流中心，学术空气开始蔓延。

在整体世界愈来愈多元化的状况之下，研讨的价值愈来愈得以显现。艺术之根本恰在其多样性，中国大陆在经过了亿人共语的年代以后，独立之话语更显其基本价值。改革开放了30年的中国社会，已经度过了“摸着石头过河”的年代，在话语机会渐趋丰富的今天，另一种危险的倾向性不得不引起我们的警惕。此种所谓之危险，恰恰来自今天社会多样性表达的自由。透过浮躁的社会氛围，在看似丰富的艺术表达之表象之下，可以看到的是某种话语的渐趋一致。而这种一致性所带来的无聊的看法，其背后的利益驱使因素逐渐浮出水面。如果我们不对此产生怀疑，就显然辜负了学者的社会责任。背负着这样一种社会责任，创造某种机会，邀约多种独立之话语，在一个独立的语境之中进行独立之表达，其初衷即来自我们的使命感。此次研讨会之目的，不言自明。

伴随着研讨会，“汕头大学公共艺术节”的举办显然更符合当今的信息传播方式。论坛，是关在会议室里面的“专家”的事；艺术节，是行走在校园中的大众的事。二者有别，各司其职，缺一即不完善。

在长江艺术与设计学院的公共艺术专业，有一种对于公共艺术的独立的认识，这次艺术节即成为展现这种认识的一个契机。出现在校园中的，无论是被主流公共艺术理论所认可的传统造型，还是反传统的新观念、新媒体，都成为一种独立的话语，并且期待框架之内与框架之外的对话。

如果期待进一步的发展，我们的目光将开始关注到校园以外的世界，毕竟公共艺术的观念是以整体社会发展为范围的。如果忽略了这一点，恐怕也就辜负了“公共艺术”这样一个被费尽心机构想出来的词汇了。

为了这样一个重要的研讨会，我们从2007年初即开始策划。在接下来一年左右的筹备当中，许许多多的人为此付出了辛劳。在此应该记下他们的名字，以表达我们真诚的谢意：张晓飞、丁羽、蔡奇真、武祥永、杨玲、林凯龙、林锦香、李兰青、方若虹、许湘娜、余琅环、庄葳、张翼、陈锐、潘蔼庭、郭宏典、李德华、郑颖敏……长江艺术与设计学院的学生志愿者对论坛的成功举办功不可没，借此机会对他们深表谢意；蒙志珊，徐晓波……学院院长靳埭强教授、副院长王受之教授、副院长韩然教授、顾问杭间教授、设计系主任吴勇教授、设计学系主任钱凤根教授等，都给论坛以极大的关注与支持。学院教师、学生更是高昂的参与热情投入到艺术节之中，其情其景感人至深，在此以不记名方式亦深表谢意！

再思公共艺术

○ 刘茵茵（Martha Liew）

澳洲国立大学博士候选人。现任堪培拉澳洲建筑师协会的国家教育经理，以及堪培拉建筑教育协议的澳洲代表团代表成员。曾任澳洲昆士兰公务署项目部的署理艺术建造采购经理和高级项目经理（公共艺术）。凭公共艺术领域的工作获奖无数，包括分别于2004年和2006年夺得澳洲皇家建筑师协会（昆士兰支部）艺术+建筑大奖的TAFE罗根技术学院的布朗斯平原校园和夏洛特街33号财政大厦。2007年的风车展项目则获澳洲钢铁协会的“持续及创新大奖”。双语刊物——《公共艺术+实践：东+西》（*Public Art + Practice : East + West*）编辑。在2008年末被澳洲建筑师协会主席霍华德·坦纳任命草拟首个国家公共艺术政策。政策于2009年实施。

这些年来，无数学者、建筑师和艺术家都问我什么是公共艺术。

虽然看过无数关于这个课题的材料，但值得注意的是，公共艺术的定义到目前为止还没有共识。大多数从事这个职业的学者都同意公共艺术要对本土、地区和国家政治负责。《符合公共利益的艺术》（*Art in the Public Interest*）编者阿琳·雷文（Arlene Raven）在该书的序言中成功地描述了当代公共艺术的多面性：“公共艺术应是什么模样的，或者断言什么才算是纪念馆，至今还没有达到共识。公共领域本身较之从前更复杂，功能更多变。”

最早公认的公共艺术形式要算是纪念馆、纪念碑和公民雕塑，有些人会辩称建筑也应当归入此类别。不过，我在这篇论文中论述的却是一种新的公共艺术类型，它的焦点放在都市或建造环境跟公众参与之间的整合，我也将讨论这种公共艺术如何响应公众参与及协作的当代取向。

当代公共艺术的主要特性是鼓励公众参与和促进民主。马莎·麦科伊（Martha McCoy）的论文《为了民主的艺术》（*Art for Democracy's Sake*）中有这样一段说话：“人们或会认为把艺术和民主生活拉上关系有点夸大，但在古希腊，这却被视为理所当然。作为一种公共艺术形式，‘悲剧’就被认为是发展善良公民群体和健康辩论的核心。今天，开始有民主理论家和文化分析家研究艺术和民主之间的关系，以及真正公民对话之可能性。同时很多艺术家就按照这个关系进行创作。”

因此，公共艺术和公民对话的概念同样得到人们殷切的关注。然而，公共艺术和公民对话两者都还未被广泛理解、欣赏和实践。它们彼此相关，并互相需要以达到各自的目的。

按照定义，公民对话就是小区成员之间在社会与政治的重要事情上面对面的共同讨论关注点。这是参与式民主的核心价值之一。

用今天的用词来说，这种公共艺术新类型以强调小区参与和介入为特点。在公共艺术的过程中，公民对话可以在作品创作过程中的任何时候出现——它可以出现在采购或设计的过程，制作阶段或创作完成之后。能展示这类公共艺术的例子包括克雷格·沃尔什（Craig Walsh）的《投入》（*Input*），以及由杰里米·海因斯（Jeremy Hynes）、亚当·多诺曼（Adam Donovan）、吉尔·巴克（Jill Barker）、Hydromys Chysogaster、杰伊·扬格（Jay Younger）、考克斯雷纳建筑（Cox Rayner Architects）、杰奎琳·阿米斯特德（Jacqueline Armitstead）和刘茵茵（Martha Liew）协作的演出与录像装置作品《幽灵》（*Ghosting*）。

从20世纪80年代起，学者、业界和政府部门每隔一段时间，便会讨论公共艺术的双重本质。正如维维恩·洛弗尔指出：“公共艺术，一方面，（代表）对增进观众在艺术、环境和世界之经验的乌托邦形式和空间的渴望，另一方面，当代主义的潜在角色是推翻、质疑那些价值和成见。”[1]

在政治上和艺术上，这议题继续引发艺术家、策展人和相关政府部门官员的关注。

我相信这是很多有经验或新生艺术家都要面对的真正考验——没有清晰指引来引导艺术家和策展人如何应对这种两极化——他们常在详尽的咨询过程后感到混淆，不知道公共艺术可以产生多大的潜在价值，以及对他们的作品有什么影响。

公共艺术这一特性也带出另一个重要争议——艺术自由相对公共利益。今天有期望公共艺术会更多回应本土、政治、文化和历史事件，以及社会关注。当人们永远高举艺术表达的同时，在作品概念化前，艺术家、策展人和官员同时面对与公众产生不同意见的困难任务。这种艺术实践可以同样在另一设计范畴——建筑中发现。

这种分歧有时被用来克服一些公共艺术内在界限，在本论文中我会用两个例子阐释。这些挑战在一定程度上成为艺术家跳出传统框框思考和创作的强大动力。我选择的例子被视为非传统和概念化，非常策略性的。这项研究比较了三个在民主政体、过渡政体和极权政体三个政治体系非常不同的地方创作的公共艺术模式。

我觉得还有一点值得指出，在我选择的这两个例子中，只有一个完全在政府的艺术政策统辖下运作。香港和北京的公共艺术活动大多由单一的政府部门或私人发展商支持。公共艺术活动如北京奥运是一次性的项目，艺术作品都是由项目建筑商外判的。目前，香港和北京还没有统一的政府政策支持公共艺术活动。

这篇论文的目的是要展示公共艺术模式需要再思和调整来回应当代事件，例如多文化主义、都市化和全球化。我想讨论的问题包括：

1.在这些政治环境当中创作的艺术家能自由地表达自己的作品吗？

2.艺术家是否了解公共艺术的威力，它可以怎样促进和谐，对社会和文化又有什么样的影响？

3.推动艺术政策在建筑项目中的实践比例，以及艺术跟都市或建造环境之间整合的联系是好事还是坏事？艺术家能理解在建造环境中工作的复杂性，以及对公众的义务和责任吗？艺术家在项目过程中又要作出多少妥协？

4.当代公共艺术是经济繁荣还是文化破产的标志呢？艺术家在绝对民主还是极权统治下才会创作更具有挑战性的作品？

公共艺术的双重性为艺术社群提供了新挑战。例如在澳洲国内以公共艺术响应政治事件的例子，2005年初，《澳洲人》以专稿《展现狂怒的城市风景》让著名的土著艺术家菲奥纳·佛利（Fiona Foley）重述了新创作——布里斯本裁判法院前的《沉默的见证》（*Witnessing to Silence*）的个人经验。根据佛利所言，她是特意设计了一套策略[2]来“隐藏”她作品的意图，以取得这个政府项目。

佛利原来的计划直接指涉新法院奠基处曾发生的原住民大屠杀。想到这是一个罕有和适切的机会宣告她对这次20世纪初发生的大屠杀的抗议，佛利决定在整个委约过程中，不向任何人泄露作品原意。她担心若暴露了意图，委员会因作品的高度政治敏感和可能令政府尴尬而拒绝其计划书。

2004年末，如艺术家所预计，《沉默的见证》得以成功完成而没有引起争议。

这件作品的成功完成，考验了艺术自由和对政权隐瞒的问题——作品并不只挑战那被认为是“最佳实践”[3]的澳洲公共艺术模式，它同时示范了这模式为何无法响应我们社会、历史、政治和文化的复杂状态。它突出了现存“一码合全”的公共艺术模式问题，以及这种模式为何未能适合多文化和民主的社会。

接着要举的例子是2002年的“长征计划”（*The Long March Project*, 2002），这是一个重新追溯到1934年至1936年间历史性长征的时态性公共艺术项目，艺术家鼓励小区人士一同参与创作。“长征计划”发展出一个独特的策略，聪明地把意识形态商业化[4]，在资本主义架构中运作——与已成功向西方介绍及汇出当代中国艺术，20世纪80年代末的中国前卫艺术运动概念架构相近。

然而，值得注意的是，我在个案研究中选择展示的中国艺术家，并非那些直接把玩宣传形象而让西方认识的世代，那是他们上一代的艺术家，我说的尤其是“文化大革命”（1966—1976年）和中国前卫运动（20世纪80年代至90年代）期间制作的纪念作品、雕塑、文学和表演艺术。我不会探讨这两个运动的作品，其中一个主要原因是这时期的作品大多纯为宣传机器而造，很少见到协同公众参与和协作的情况，观赏者与创作者的传统距离仍然存在。这些作品是否称为“公共艺术”仍备受争论。无论如何，20世纪90年代以前的中国公共艺术的研究已超越这篇论文的范围，我相信这值得深入探讨。

因应中国社会、政治、经济和文化的复杂性，中国内地运作的公共艺术模式可以出现任何想象得到的挑战。对中国而言，公共艺术是一个新的西方思维的概念[5]。尽管如此，中国和西方在过去的近20年中，在建筑、新媒体和视觉艺术范畴均有明显的互动。中国会发现深植在公共艺术中的西方民主概念很具有挑战性[6]。中国在公共艺术活动中如何修编这西方的取向仍有待观察。

总　结

这篇论文在当代艺术范畴中的最重要的贡献，就是从研究不同政治制度中运作的例子，界定不同程度事件的隐性审查，以及它如何影响今天的公共艺术实践。现在还没有任何文献从跨文化和多范畴角度来发掘这个题旨。虽然当代有经验的艺术家寻求以有意义的方法创作动人的作品，但大多数作最后决策的官员主要从设计模型和艺术家克服技术问题的能力来考虑艺术作品，不幸的是他们很少关注艺术作品本身的艺术、文化、政治和社会的脉络关系，以及它跟地方、小区、处境的关系。公共艺术这种错综复杂的向度值得再作探讨。

注释：

[1] 《公共艺术：空间，公共艺术委约处的十年 1987–1997》，梅里尔·霍尔伯特逊出版社，1997。

[2] 2008年8月18日跟菲奥纳·佛利的电话对话中，这名艺术家清楚表明她是要颠覆，一方面欺骗他人，一方面知道作品有另一套意义。但这是唯一能让她达到目的——取得法院委约创作的方法。

[3] 根据2004年艺术行动署（Arts AC）进行的研究，公共艺术政策讨论文件称许昆士兰政府的艺术建造政策与指引（Queensland Government's Art Built in Policy and Guidelines）“是全面的并为确保艺术家良好创作环境和保障艺术质量作出重大的贡献”。

[4] 在2005年初跟长征计划创始人卢杰的对话时，他告诉我历史性的长征已深嵌进中国人的思想，因而它是一个“容易”得到艺术家投入参与的题目。

[5] 自2004年起，北京政府和私人发展商已可掌握公共艺术的最新发展。第一次以公共艺术为主题的会议于2004年在广州举行；2006年9月北京政府和私人发展商合办了他们首个公共艺术会议，并安排在北京世贸中心举行。

[6] 今天，大多数中国民众已接触到“老大哥”这类游戏节目，这些节目容许公众投票选出他们喜爱的参赛者——这些电视节目游戏已被证明在中国非常流行（并为电视台提供巨额收入），为公众提供首次西方民主的“经验”。

公共艺术国际论坛暨教育研讨会 2008
Public Art International Forum & Education Seminar
公 | 共 | 艺 | 术 | 节
Public Art Festival

谈我院教育改革与公共艺术专业建设

○ 靳埭强

教授，汕头大学长江艺术与设计学院院长，国际著名平面设计师，国际平面设计联盟AGI会员，中国人民政治协商会议广州政协香港区委员，北京中央美术学院客座教授，具有多年国内外讲学经验。1999年获香港特别行政区颁予铜紫荆星章勋衔，2002年被中国中央电视台邀请拍摄《东方之子》纪录专辑。

各位嘉宾、专家、老师，还有在另外一个大堂的同学们：早上好！

我今天很高兴在这里介绍我们长江艺术与设计学院在公共艺术教学方面的改革。我今天讲述的内容有八个。首先我要谈谈学院的定位：学院是以“专业技艺与人文科学并重”为宗旨，把中国文化与世界文化的新观念相融合，以启迪创意为本位，做艺术与设计专业的教育。从下面的图1中可说明我们的概念：中国文化是本位；理论和人文科学是很重要的学术基础；创意是一个核心，体现在专业、科技及管理三个方面。在这个范畴里做艺术与设计的实践工作。我们以为培育新一代立足中国，放眼世界，独当一面，推动创意经济拓展的艺术与设计专才而努力。

图1

我们很注重本科教育，首先要引进新的教学模式，改革教学方法。建立一个以“学生为中心的交互式教学模式”；我们参考国外一些先进的经验，结合中国艺术与设计教育现状，希望创造有中国特色的、有特点的一所学院。2003年来到这个学校的时候，汕大已经有艺术学院，院里有几个专业，有艺术设计系和美术系，其中包括平面设计专业和环艺专业(当时已经停办)。我首先改革平面专业，后来改革、重办环艺专业，第三年增设多媒体设计专业，去年增设产品设计专业。我觉得设计系就应该往这方向继续发展，时装设计专业在没有好的条件之前我们不会兴办，当然将来可能把某些专业方向扩张变成系，向较多元的方向发展。学院的美术系，本来只有装饰艺术及美术教育专业方向。我觉得装饰艺术专业很落后，这个名称也不好；而美术教育专业则很陈旧，只用临摹教授绘画的方法，怎能配合现时中国教育部的普通教育中艺术教育的新方向呢？所以我暂停招收新生，把我们的力量重新整合发展。我觉得在美术系里，不要重复以前的绘画专业方向、雕塑方向、版画方向等旧模式，因为当代艺术创作的发展已趋向跨媒体的融会，而不再是精确分类了。公共艺术因为有公共性，有实用性，跟设计亦有所关联，所以可成为一个有创作目标的新专业方向。这是我开设公共艺术专业方向的原由。表1是我院的学科设置现状。

回顾我们的改革历程，2004年有第一届学生，引进新课程；2006年我们总结一些经验，调整专业教学与模式，再编写新的课程体系；2007年我们基本上有一个雏形新体系，已经有配套的教学理念和基本思路的建构。可以说我们是在建设一所在国内具有特点的艺术与设计学院。

表1 长江艺术与设计学院学科设置表

<table>
<tr><th>年级</th><th>课程类型</th><th colspan="2">课程</th></tr>
<tr><td>一</td><td>专业基础必修课
（与其他专业打通，共同基础课程）</td><td colspan="2">视觉构成 素描1 专业导论 字体与书法
色彩1 素描2 外国美术史 中国美术史
色彩2 空间构成 世界现代艺术 中国文化与艺术思想</td></tr>
<tr><td>二</td><td rowspan="3">专业必修课</td><td>现代造型语言
世界造型发展史
数码立体传达入门
速写</td><td>材料与结构
公共观念与艺术观念
数码立体传达进阶
综合绘画工作坊</td></tr>
<tr><td>三</td><td>墙面艺术
综合（雕塑）造型
环境艺术设计原理</td><td>模型制作与研讨
现代商业公共艺术
现代城市公共空间规划设计</td></tr>
<tr><td>四</td><td>现代城市发展与公众心理研究
公共艺术创作研讨
公共艺术项目操作与控制</td><td>毕业创作
毕业论文</td></tr>
<tr><td>适合高年级</td><td>专业选修课
（与其它专业选修课程打通）</td><td>金属工作坊
木材工作坊
陶艺工作坊
纤维艺术
摄影基础
风景写生
东方与西方设计美学综合研究</td><td>现代与后现代
现代商业广告
室内空间设计
景观设计
建筑传统与创新
城市空间文化及社区实践</td></tr>
</table>

那么公共艺术的改革思路是怎样的呢？我们关注专业横向间的共生性，课程跟课程之间、学科跟学科之间的关联性，也关心学生的学习兴趣。要使他们产生兴趣，启导创意，也要有技术经验，要讲究技巧，还要加强生活跟社会科技发展的联系，同时也要关心生活与社会科技发展。我们倡导以学生为主动的参与，还有勤于动手，提高学生的分析、解决问题的能力，还有交流合作的能力。我们有一些新的方法就是把一些史论课，比如说“世界造型发展史”本来是理论课，但我们用动手的方法来实践学习，实践与理论合二为一混合学习。

我们的培养目标是要培养符合社会发展需求的艺术创作人才，还有公共艺术的教育、管理、学术、研究等四个方面的专业人才，培养出来的人才不一定是艺术家，他同时也可以做研究，可以做教育，可以做管理。我们希望培养的人才有较高的文化素养，有较好的科学精神及人文精神的修养，所以有些课程的设置是具有针对性的。我们希望我们的学生能够有效地与他人合作，进行公共艺术设计，信息的科研创作是集体合作，还有要掌握城乡发展的动态，我们不但要关注城市，也要关心农村。我们觉得我们的学生应该具有规划、设计、还有改善现代城市环境的能力；我们的学生应该有运用现代信息技术和处理信息的能力。表1就是我们配合这一培养目标的课程结构。

公共艺术一年级是基础课，这些基础课是打通的，每个专业方向都一样，不只是针对一个专业，不只是公共艺术专业的。二年级的专业基础课是公共艺术专业的基础课，是必修的。二年级就有比较多的实践创作课和理论课，三年级和四年级上学期也以专业课为主，下学期基本上是论文与毕业创作。二年级、三年级和四年级还有一些学科是可以选修的，不只是公共艺术专业开出来的选修课，而是所有专业方向的选修课都可以跨专业方向选修，还可以跨系跨学院选修。当然一年级还有一些通识课，是整个大学要求的通识课，包括政治课，都是各专业方向学生必修的。重点就是用自由开放的观念来教学，使学生有不同范畴的学术基础与根本的艺术观念进行专业的学习。

在不同的年级，我们有不同年级的学生混在一起学习与授课的方法，因为有很多不同的课程可以一块上课，不同的年级可以一块选课。尤其是选修课，学生可以在二年级选，也可以在三年级、四年级选，所以整个班就变成学生之间可以互相学习的集体。我们推崇多个专业交叉的学习，拓宽学生的视野。我觉得现在艺术与设计已经不只是专业的时代，20世纪艺术与设计分专业已经分得很专很细了，在90年代开始渐渐打通。像我自己是平面设计师，主要做平面设计，但已经要做环艺、产品、公共艺术环境规划，还有网页设计等方面的工作了。我公司是一家通识、跨媒体的创作机构。因此，我认为学生应该有交叉学习的习惯。我们要改革，最重要是找新的人才，美术系的张宇老师是其中之一，我能请到张宇老师来担任这个公共艺术学科建设，这是我的幸福，也是学生们的幸福。现在他已经是我们美术系的系主任了。他的作品现在在广州雕塑大展展出。我也喜欢创作公共艺术，为了上海的美术大展 “想象世博”，与学生一起做了一件大型雕塑，入选展出于上海。除了我的作品还有学生的作品入选“想象世博”上海美术大展，我们的作品同场展出。我们公共艺术的学生不一定只是创作公共艺术作品，他们有其他的创作机会与兴趣。公共艺术的学生参加我今年的靳埭强全球华人大学生设计比赛，插画作品 《心情日记》拿了铜奖，是非常有创意和有想象力的作品。我们公共艺术系鼓励多方面的学习和多方面的创作。我们也注重不同专业方向的学生的合作，我们这个论坛活动的宣传形象与海报，是平面设计专业的学生做设计，公共艺术的学生做创意，还有文化创意产业的策划与管理（这是我们设计学系的专业方向）的学生做策划和管理，是跨专业方向的几个学生的合作成果。我们老师也可以跨学科教学，吴勇老师是我们设计系的系主任，是平面设计、书籍设计的专家，亦担任环艺和公共艺术课的教学工作，因为在教学上老师也是学习，也有所收获。我们的跨界别观念，在短短时间内获得不少成果。2003级装饰艺术的毕业生创作，美术教育专业方向的毕业生创作，我也想不到他们能做那么有水平的作品。一位美术教育专业的学生，在系里实习教学，她创作了一件有观念性的艺术作品——《复活的舞蹈》，也在广州雕塑大展中入选展出。在中国来说，我们是一个很细小的学校，空间小，学生少，人才少。原来的艺术学院很简陋，发展并不容易。但是我们刚成立了一个木材工作坊和一个金属工作坊，同学们用很少的器材和空间来进行创作。这次各地嘉宾专家们能够看到校园中我们学生的公共艺术创作，实在是得之不易。

最后，谈谈我院的另一特色。我们很注重学术交流，每一年都搞一个大型的学术活动。从2003年9月到现在，我们共举行了104场专业讲座，交流工作坊35次，举办大型展览67次，国际会议4次，还有全国的大学生比赛4次。这就是我的靳埭强设计奖。还有国际交换生计划3次，有德国的德绍大学的老师带10名学生来我院和我们的20名学生一块上课，之后，他们选我院的学生去德国学习。还有一些专题性的工作坊，包括跟多个学院合作的，例如艺术与设计学院、新闻传媒学院和商学院的合作，商学院学生设计经营计划，传媒学院跟我院学生做推广、设计、产品等，在大学内开设商店，这是其中一个很成功的专题工作坊。

还有一些较大型的工作坊，邀请国际专家一起带领我们的学生一起学习、讨论和创作。在众多的讲座中，包括有20多个关于公共艺术专题的讲座。当然，这只是其中一个方向，其他方向都有很多讲座。邀请的专家，有香港的，也有我国内地的和国际的，他们光临我院并和我院的师生分享学术与人生卓见，使我们获益良多。

我们举办了很多设计与艺术的专门展览，包括一些在校外举行的大型展览。关于国际学术活动，我们于2003年举办了中国设计与教育国际研讨会，2004年举办了“岁寒三友——中国传统图形与现代视觉设计”国际研讨会，还有2005年的“文化创意产业与设计教育国际研讨会”，都是非常成功的交流盛事。我们也曾出版论文集，风行全国。另有两册研讨会报告将要出版，希望能使各议题继续得到各位同业的关注和议论。

最后我以我院的院训作为结语：

我们要：

具理解能力，汲养、消化、终身学习；

具思考能力，独立、自觉、主动积极；

具判断能力，辨别是非轻重、短暂与永恒；

具表达能力，谈吐、写作、融汇中西；

具分析能力，批判性、系统化的解决问题；

具创造能力，承传、创新、追求原创；

具合作能力，互动沟通，跨学科、跨文化互动；

具宏观前瞻能力，心牵中华，胸怀环宇。

这是我对学生的期望，也是我自己的一个人生指针，我自问还没有做到。我以此与同学们共勉，终身修养自己，成为真正杰出的人才。

谢谢大家！

公共艺术中的材质

丹尼斯·奥本海姆（Dennis Oppenheim）

美国著名观念艺术家，公共艺术家。1938年出生于华盛顿电子城，1965年获斯坦福大学MFA学位，在美国纽约工作与生活至今。

就某种程度而言，这个论坛的地点也可以在纽约，许多大家提出的问题以及讨论，跟我们在美国的没什么两样，之前大家提及的都耳熟能详。

二十五年前，如果建筑师叫一个雕塑家做一件雕塑作品，会要求他们做得特别小，小小的放在广场不起眼的角落。因为他们只视之为责任而非完全认同公共艺术作品的存在价值。四十年前是概念艺术在美国兴起的年代，像这个作品（*Chair/Pool*）是不是很有意思？在很多方面来说，概念艺术在理论上其实是远比这件作品先进的。这件作品是很实在的，很清晰的一个形象。而概念艺术最重要的一个字眼是“去物质化”，仿佛“物质”这个词有问题。另一个词有些人也会觉得带有贬义，那就是“设计”，因为一旦你跟读纯艺术的人说“设计”，他们会觉得那是刻意做成的东西。哪怕只是应用理论到实用的功能的想法，他们也会觉得并非艺术的本意，也有点污蔑了我们艺术或者美术的终极本质，因此，由于概念艺术的兴起，我现在向你们展示的十年前的作品（*Drinking Structure With Exposed Kidney Pool*）（*Device To Root Out Evil*）就奇怪地被认为是传统的。当人家谈到公共艺术的时候，通常指有纪念意味的艺术，有点像我们刚才看到的——而公共艺术常常跟建筑联系在一起。现在许多人觉得建筑比雕塑发展得更快，而且这些人深信建筑朝向更重要的方向发展。因此，现在国际间纯艺术对应用艺术的讨论相当炽热及有意思。

Chair / Pool

Drinking Structure With Exposed Kidney Pool

Jump And Twist

Device To Root Out Evil

由于雕塑家对建筑越来越感兴趣，因此这些对话也就持续不断。雕刻家对建筑越来越感兴趣的原因之一，是在计算机技术的协助下，建筑可以处理一些极端的造型，而纯艺术与这种变化有关。我想谈谈我带来的一个例子，这是德国弗莱堡的一所大学，我觉得要以一个公共艺术的方式进行创作是关乎你如何处理一个项目：你被委约创作，要创作一个成功的公共艺术步骤该如何？我想没有单一绝对的方法，应该有很多处理方法。这座大楼是微精科技大楼，也就是弗莱堡大学一所处理先进科技的大楼，一所科学心室、意念的心室。我的取向是先在大楼的博物馆前建立一件很重的对象，但那个对象要看起来能动，像跟昆虫或蝴蝶缠在一起。下一步，“它”真的来到大楼前，而一进入大楼它便转动和扭曲——作品叫*Jump and Twist*（《跳跃与扭曲》），当它转动和扭曲，就变了形，从原来笨重

Engagement

的物体变为轻盈。最后，它挂在大楼内并且转动。我的想法是尝试创作一件作品去表达这座大楼的用途，而大楼的功能是思考，而我觉得思考是氛围的运作，那个对象高挂起来，而转动反映大楼的内在，至于类近变轻和理智好等于扫描意念的过程。所以，这是创作公共艺术的其中一个可取的方向，体现出思考的一种力量，流动的创意。我不敢说这是最好的方式，也断乎不是唯一的方式，但这是将一件艺术作品转化为定点功能作品的最显易方法。

再者，我觉得在当下，所有从前带有贬义的字词如“设计”甚至是“建筑”，当我们对它们像纯艺术一样进行讨论时，我们倾向视之为参与者重大的义务，是社会功能，纯艺术是永不愿跟任何功能扯上关系的。纯艺术总是高高在上的、理想化的，理论化，就好比是纯科学。当你想到一些受到艺术影响比较大的建筑设计师，他们往往是受到一些属于那种非常注重艺术精神的理论的影响，那就很难说应用艺术比较民主或更大众。我常认为能尽己所能把最好的艺术品呈献给人们，就是公共艺术响应公众的最佳方式。我想如果创作者把艺术品变得易“入口”，又或者只是装腔作势，那么这其实是欺骗观众，我想，艺术家要能够精益求精，并且可以令自己的作品跟公共环境融合。

我们再来看一看这件作品，这个称为*Engagement*（《订婚》）的作品，两只戒指彼此分开，它表达的也许是感情关系中的挫折感，这是工作室艺术作品，显

Marriage Tree

Stage Set For A Film. An event Sculpture

Bus Home

示艺术结合叙述的能力。创作公共艺术作品有许多具体，好像为何很多公共艺术作品太像纪念艺术作品，是因为它要在公共空间永久存在，不可轻易毁掉，又要与大楼的规范对应，诸如此类的因素影响着创作。因此，要把作品置放在繁华地带，创作者会不自觉地设法把最珍贵或脆弱的部分悬在空中，容许行人在下面穿梭。

我想提及公共艺术时有时会包括表演艺术，这是可能的，因为公共艺术无须一定要有纪念性，或者跟建筑拉上关系的东西。公共艺术也可以是短暂的，而且短暂的公共艺术作品一样可以跟纪念性质的建筑作品相比，因为它容许暂时性和一点艺术的极端作风，可以说，这样的作品体现了概念艺术的基本原则。这样的雕塑有点像剧院，好像在期待某场演出一样。我觉得有些雕塑的问题是过于具体，太白了，而我总是希望一件雕塑作品叫人感到还有下文。

接下来的这些作品，更加属于公共艺术的范畴，即是与市民广场或建筑物的要求直接相关的创作，像加州这叫*Bus Home*（《公车家》）的例子，它其实是公车站，功能是让人到那里等巴士接送——作为一个建筑师，我从社会经济学的角度出发。其实，在加州几乎人人都有车，在这里等车的显然是没车一族，所以在设计这样的一座公共艺术品时，你必须处理它会包含的喻意，*Bus Home*是要尝试提升等车的人的经验，而且在这里等车的人显然是回家去的。

这是加州萨可拉曼多机场，这个作品名称叫做*Flying Garden*（《会飞的花

Flying Garden

Wave Forms

Multi-Helix Tower

园》），这类作品有趣的是有一些景观的元素在里头，你们看到像飞机般大小的小鸟悬在建筑物旁，但它们只是让花园攀附生长的支架，最终它们会被藤蔓遮盖。不少场域特定艺术，像这个在西班牙一个环形交叉交通口的公共艺术作品，是城市项目的部分（占总开支的1%），或在基础建设拨出地域置放。有一些场地很大，所以也容许做比较大的作品，这件公共艺术作品以水晶制作，于是光线能穿透，与附近的纽约大楼有交流。

这是最近在费城完成的一件作品的绘图，坐落在市民广场，这是雕塑倾向景观建筑的一个例子，我们称之为活化广场的步骤。作品叫*Waveforms*（《波形》），采用一个带点陈词滥调的名称，是因为在费城有自由钟，所以用这个名字，指涉声波，作品的基座像一个音波系统嵌入景观之中。

这座塔位于加州圣佩德罗的海港警署及监狱范围内。它叫Multi-Helix Tower（多螺旋塔），在我看来，创作时得像个建筑师，你有了这地点，这环境，你要回应这个物境。在这种情况下，是很难对警察部门这背景保持中立的，它是一个非常严肃正经的政府机构。于是我选择聚焦在“多螺旋”上，这其实是应用法医分析学中诊断学的一个主要方法。而它像座灯塔一样，把灯光向城市四周放射，叫人一看就知道警署在哪。这1%的资助有时用在特别的、不起眼的基础建设上，它们并不一定处于重要或中央位置。这作品（*Reconstructed*）是位于北卡州，在火车轨道的下面，一个偏僻的地点，于是结合了市郊以及火车轨道下面这

Reconstructed

Light Chamber

些大家意料之外的元素。在这情况下，公共艺术可以影响人的行为，不是观众的行为，而是经过这艺术作品的人的行为，我们可以称之为观者。也就是说， 公共艺术也有建筑物一样的素质，能够在它四周游走时体验得到。

这跟我刚才给大家看的作品有点相似，是一朵巨大的花。其实它是把许多不同的花的部分放在一起。这是位于科里拉多州丹佛市，在当地法院门口，它被称为*Light Chamber*（《光的会议厅》），它用了法官办公室名词中“会议厅”这个字。我在创作当中有点矛盾，究竟我应着重哪一方面——被法律定罪的人还是掌管法律的人？最后决定似乎应让掌管法律的人有多些领悟。所以，这是促使他们进入作品去经验这些波式的氛围。

这是提交给北京的奥林匹克作品建议，叫做*Threaded Building*（《线之大楼》），大约40米高。这有点像开个笑话，因为它看起来像个螺旋钉，像一个理论上可以插在地上的螺旋纹的刀片。现今的建筑物很多都与动感有关，特别是可以不断地成长的建筑物。所以理论上，这座建筑物可以钻进地下，甚至可以往下陷以至于在地面消失。他们正在建造的叫Raining Halos（《光环缤纷》），大约15米高，为奥运而建，我们称之为“眺望台”。眺望台是你可以进入的，有些东西在你头上盘旋，这是布满被风的四方转的光盘、圆形、圆环的眺望台，而光环是形容一些在你做了好事或该祝福的事后，环绕在你头上的荣光。因此Raining Halos显示一种带来福气的氛围。

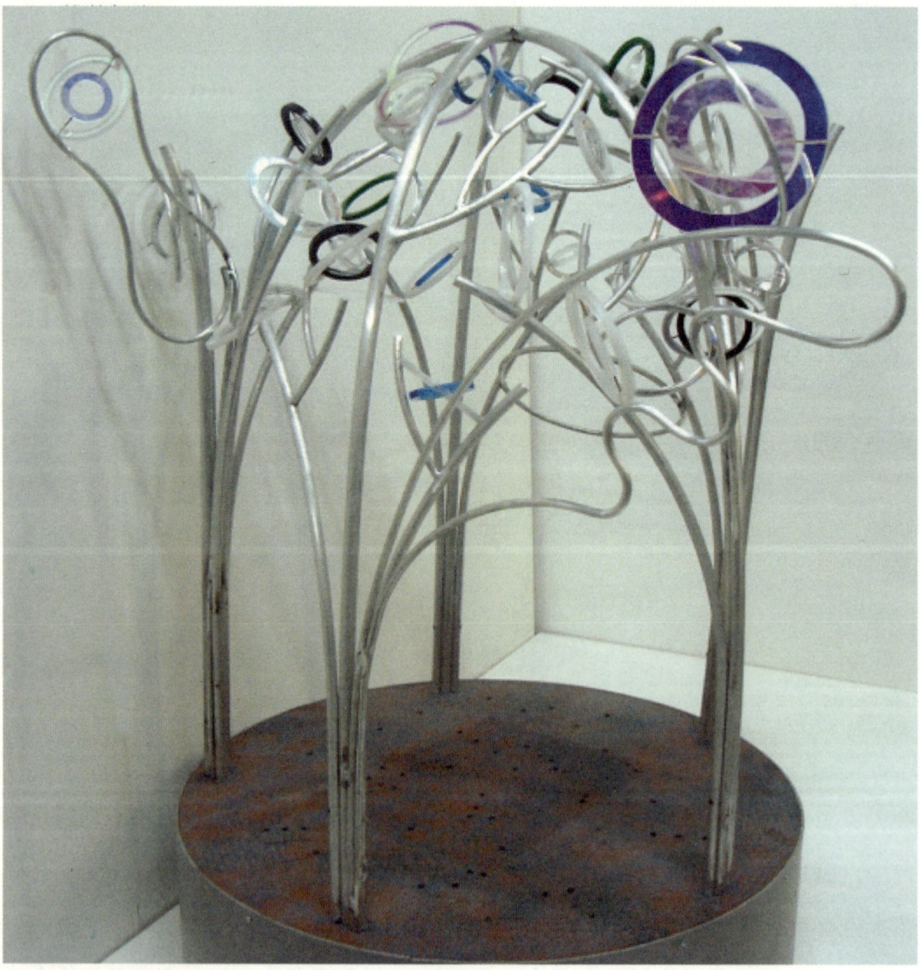

Raining Halos

Theaded Building

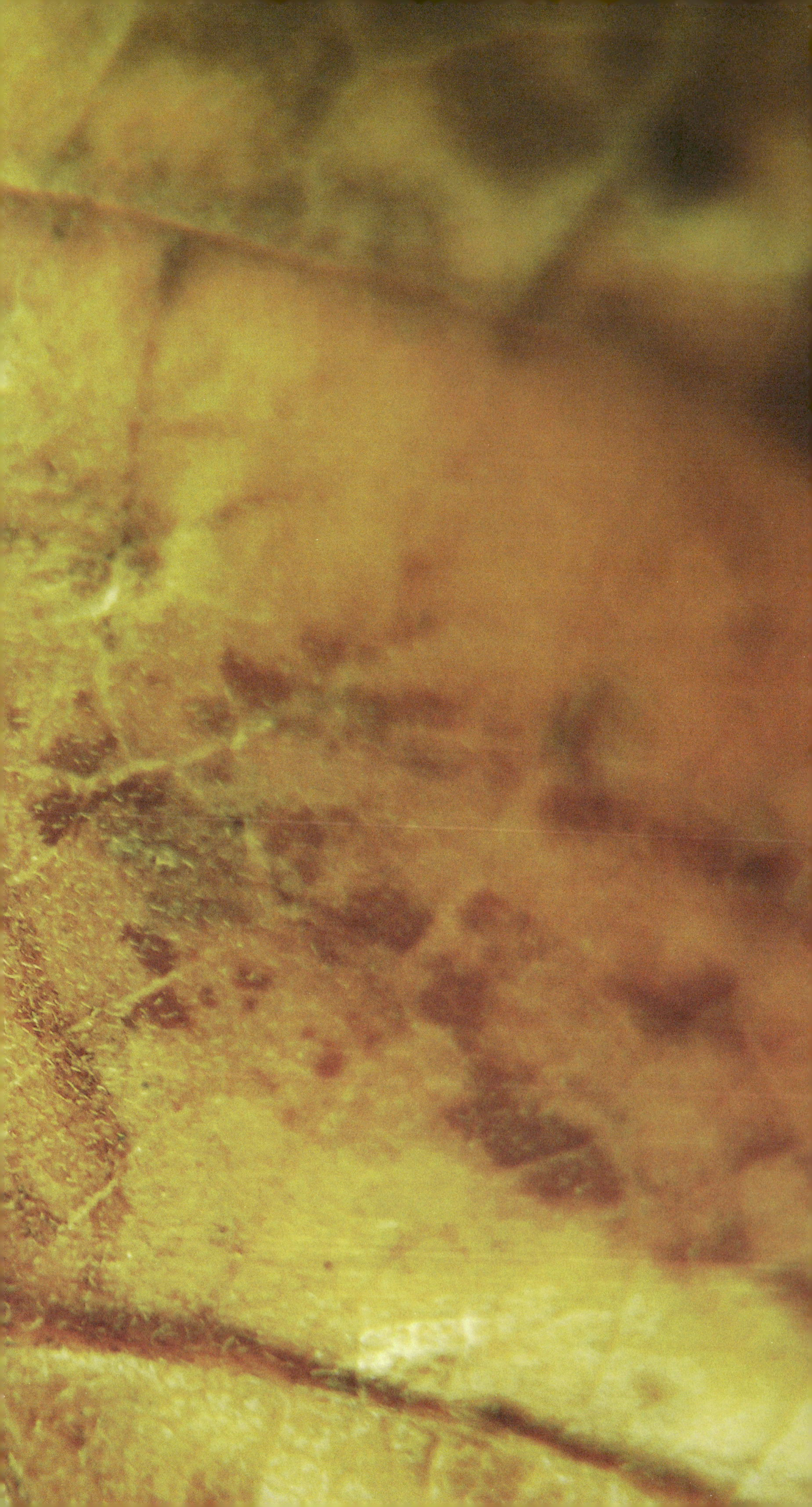

泛·雕塑——观念对视觉艺术形式的拆解

○ 陈育强

教授，毕业于香港中文大学艺术系，其后于美国鹤溪艺术学院获艺术硕士学位。汕头大学长江艺术与设计学院顾问。

经历了20世纪六七十年代媒体的变革，艺术家对艺术的看法一下子从追求现代艺术的纯粹性转而追求多元、异质混合（Hybrid）和观念主导的表达形式。艺术随即从对古典形式的逐层约化达至追求纯粹形式的“现代主义”，亦因而触及艺术哲学的对形式本身的关心——艺术对表象世界的反照终于返回对自身的反思——艺术成为一个独立于表象世界的、自我完善的系统，它所描述的对象不假外求，它的解释源于自身的语言逻辑，而抽象艺术，更是其理念的极致表现。

现代的极致发挥亦导致艺术语言纯粹性的瓦解，所谓物极必反，当纯粹的形式主义行到尽头时亦是形式、理念内部互渗的开始，艺术媒体间的传统分类再不能满足艺术发展多样性的要求，结果混杂便成为20世纪下半叶的艺术特征。

由绘画到雕塑

雕塑和绘画为传统艺术两大门类，雕塑诉诸三维空间，绘画诉诸二维空间。从艺术发展角度去看，绘画出现在先、雕塑在后，其原因大概是绘画作为沟通媒介，物料空间和技术的成分较轻，也较方便，象形文字便是一例。绘画作为现实再现（Representation）的工具，也更早、更容易被精致化，从抽象到具象（象形文字到具体事物描述），绘画的技术对传递抽象意念和具体图像都有极大的弹性。反观雕塑，则比较受制于物料和技术的限制，但亦相对亲切。如果从生活的角度去看，雕塑一直存在我们身边，如同我们身体存在于三维空间一样。自婴儿时期起，人的身体一直学习协调身体的活动和空间的关系，而空间和物质环境，亦界定了人的知觉范围，例如冷暖、软硬、远近、长短——比我们骨头软的便被认知为软，反之便被认知为硬；比我们身高短的便被认知为矮，反之便被认知为高——人的身体一直是认知物质世界的基准。由于技术的发展，可供人所使用的物质随着时代的发展愈见其复杂性和多样性，相对绘画的材料和技术的稳定性而言，雕塑的领域亦随着物质的进步而加以扩展，处理物料的技术亦日见复杂，这和我们身处的物质环境进步的步伐息息相关。从艺术起源的角度来看，绘画是人类早期方便沟通的工具，是相对轻便、不太受物质环境影响的传意方式，它的本质是模仿、虚拟和传送，信息的传递主要是视觉的、概念性的、亦是大脑的。反观雕塑，它是物质的、具体的，它和我们身体一样受地心吸力限制，亦较真实亲切，所以亦是身体的。一幅绘画无论画得如何真实，它也不过是一个幻觉，永远都是一个符号、一个现实物件的代替品；然而一件雕塑，无论如何“抽象”，它必须用现存的物质构成，它和我们的身体一样，有温度、有触感、有体积、有重量，所以永远是具体的，“真实”的。这种绘画与雕塑的比较，目的是透过绘画，带出雕塑的材质，而这种认知，在艺术的现代主义时期，曾一度被视为雕塑家的责任——以显示物料的材料特性为己任。

“观念”艺术的胜利

经过现代主义的洗礼，艺术亦必须放下近乎禁欲的还原原则，寻找艺术的下一个出口。绘画如是，雕塑亦如是。现代主义下的艺术对形式的思考同时亦引发了对思考本身的思考，一个艺术家如能无视现实世界，创作出一件接一件的抽象作品，他必须善于抽象性的思维方式；而思维的推展亦带动对艺术观念的探索，无需赘言，以思维的方式来创作亦预言了对媒介的放下和超越。20世纪70年代可以说是观念艺术的丰收期，它经过了60年代波普艺术（Pop Art）以现成对象和符号重新投入物欲世界，撷取了它的隐喻和跨媒介的多样性，但放弃了它的肤浅和直接。一时间，“观念”被置于史无前例的高位，甚至凌驾于作品视觉的重要性，它一方面提出意念其实是作品的骨干，另一方面亦消解了媒介的分野，其旁枝所及，欧美所出现的激浪派（Fluxus）、地景艺术（Earth Art）、贫穷艺术（Arte Povera）、行为艺术（Body Art）等莫不纷纷出现，其外观不外是质疑一切传统的艺术表现形式，透过日常接触的事物和行为来创作，这亦和欧美20世纪60年代艺术家反形式化、反建制的思潮有关。当艺术被逐层褪掉它的保护罩，例如一直被用来定义艺术的媒介和技术，艺术所赖以支撑自己的价值则唯有观念和意念了。

当代艺术的发展无疑是观念艺术（Conceptual Art）胜利的结果，这亦可能跟艺术家的训练方法有关。艺术经过从前师徒制、艺术学院专业训练到现时较流行的、大学里的艺术系，都标志着艺术发展不同阶段的着重点——由师徒制着重手艺、个人学养、修为的承传，到艺术学院倾向于专业化、规模化、效率和系统，再到大学能提供多角度、跨学科的既分散又综合的广泛能力的学习场所；出乎意外地切合过去艺术发展的路线——艺术由着重手艺能力、个人风格、师承，到专业综合型技术与知识的表达，发展到现时以艺术家作为知识和艺术的中介体，可随时改变技术、风格、媒介的跨科际时代。艺术不但是个人浪漫想象、感情的表达场所，更是各种知识和知识间交流的平台，在这个后工业时代，艺术的“身体”已为信息所取代……

“泛雕塑”的含义

“泛雕塑”因着上述背景，要讨论“泛雕塑”便有一个较完整的基础了。按目前许多大学艺术学院的分科，雕塑所涵盖的范围已超越以往的界定方式。实际上，它已包括了差不多除却架上绘画和一般平面作品以外的一切形式；举凡装置（Installation）、地景（Landscape）、行为、观念、生态（Ecology）、身体、偶发（Happenings）等以往不能分类的样式都纳入雕塑的范畴，严格来说，这种归类不无权宜的味况，因为当艺术的可能性一下子解放后，学校的分科条件及原则追不上，在这种前提下，雕塑所容许的立体感、材料和技术的多样性因此得以容纳这些异质性，所以亦只好扩大其内容来容纳更多的创作手法。在坊间，如果要找寻一种方便的艺术类型统称，则雕塑无疑较为接近。

观念艺术的扩充和衍异（Differe）产生了很多传统视觉艺术所不能涵盖的创作，从前艺术的学习由视觉文法和材料所主导，这套系统由17世纪法国所倡议的艺术学院所确立并奉为标准，然而20世纪的艺术革命对形式问题的彻底追求引发了对形式本因的思考，其结果亦导致对视觉的否定；吊诡的是，观念艺术即使只存在于脑袋（思想），无论如何，它亦必须借助“身体”——作品的呈现来得以表达、沟通。但是，由观念达至的可见、可触的艺术形式必须服从观念的本意，由其所引申的可见形式和传统由视觉艺术所主导的视觉形式亦有所不同，即使是艺术工作者，很多时候都混淆二者的差别而导致思辨上的矛盾。

现时看待当代艺术的最佳方法，可能不是冠以不同媒介的名目，例如用数码作媒体的便是数码艺术（Digital Art）、用油彩画成的画便是油画，但当遇到较特殊的情况，例如当马克·昆（Marc Quinn）用自己的血，透过凝冷过程来作“雕塑”的时候，我们是应叫它做“血塑”还是叫“冷塑”更为恰当？我看过一件作品，是通过计算机程序，分析某人的基因，然后再把数据输入另一个计算机程序，通过注塑机把数据立体化，注成一个立体作品。在这情况下，我应该叫它做“数码艺术”、“基因艺术”还是“数码基因雕塑”？还是更圆滑一点，索性叫它做“过程艺术”（Process Art）？

雕塑作为艺术类型的命名，其实直指其技术特征，但亦暗示可雕可塑之物质，例如可雕之木、石，可塑之灰、土。然而当新的物质不断扩充，新的技术不断被应用，新的念头不断地出现，雕塑的含义也不断地被改变。要精确地把当下所发生的艺术做一种分类，除了用物质的、技术的，以可触的世界为基础的分法，也可发展为以过程、理论、进路、概念为主的分野方式。事实上，上述两种认知艺术的方式正交叉地互涉、互渗着，因此在形式、理念纷繁的当代艺术中，要找出精确的分类方法，有赖于认知艺术的角度，如前例以基因、数码科技、注塑等过程而成就的作品，可以由作者的着眼点来决定作品的门类，如果把上述作品看成某种知识和艺术交叉的结果，我们大可叫它做“基因艺术”（Genetic Art）；如果作者的着眼点为数码科技，那么我们亦可称之为“数码艺术”（Digital Art）。当然，综合整个作品流程所得，作者的意图是生命、科技、数据转换、抽象性对象的连锁反应，根本没有一种说法可以恰如其分地做综合归类。以现今的艺术趋势来看，早在20世纪80年代，跨科际研究早已把知识的疆域打破，事物的复杂性早已超越单一知识系统的负荷，除“综合”、“混杂”等词，实难找出更恰当的词来形容。所以在20世纪80年代左右，艾迪瑞安·汉尼（Adrian Henri）已提出“整全艺术”（Total Art）一词，意谓无所不包的艺术，可是这和废除媒介分野实在没有什么分别。

“泛雕塑”与公共艺术

如果从传统雕塑角度来适应当代艺术的发展，并把它纳入其中，扩充自身固有含义实无不可，“泛雕塑”一词肯定了过往传统雕塑的发展历史、其约制及范围，同时亦认可新元素的加入。其独特之处，是从雕塑的角度，企图去吸纳似无边界的当代艺术。反过来说，“泛雕塑”一词，它的无限扩充而使雕塑的内涵、范围变得可有可无。然而，因着公共艺术在过去十年的兴盛亦使传统雕塑重新被置于艺术舞台中，在与各种不同公共领域的建设中被重新思考——今天艺术家对公共艺术的关注，是始于对现代主义所倡议的对“形式”的执著的厌倦。也可以说，是对“前现代”（Pre-modern）社会作为艺术参考的一种回归——艺术再不独立于社会，艺术家亦尝试和社会修好。无论在纯艺术或公共艺术的范畴，很多艺术家都热衷于运用社会资源来创作，尝试体现自己在社会的角色。另一方面，旅游工业、创意产业、城市品牌、企业品牌等急速发展亦促使企业家、城市规划师、建筑师和市政府，都要借助文化资源、艺术来建构地方价值。于是，一种极端私人想法和极端公共的场域开始对话——艺术与公共空间的对话开始促成对公共艺术的关注。

公共艺术的发展既确认了雕塑的传统操作方式，同时亦藉着它的复杂性和规模扩展了雕塑的内容。由于公共空间的规划随着它的使用方式、使用者的背景而改变，变得多向度和注重整体性，传统的公共艺术形式——把雕塑放置于公共空间作为装饰的方式已不合时宜，亦对应不了当下空间使用者和策划者对公共艺术的要求，现时其中一个重要的公共艺术概念是发掘该空间的“场所精神”（Genius Loci），亦即该地的种种历史、用途、个性、物理特征、空间使用者的活动等。作为一位当代雕塑家，他所关心的焦点由视觉扩展到知识、观念；他的技术因艺术发展潮流和不同的场合所提出的问题而变得更灵活——他除了懂得传统金属、木材、石材的处理，也可能需懂得种植、建造及对各种物理效应例如光、水、电等各种能量的操作原理。雕塑家在公共艺术的场所不可能再闭门造车，他必须和不同的专业人士合作，例如建筑师、结构工程师、委约人等合作，总括来说，艺术被公共化、场所化，但这也符合现今社会知识系统开放和互涉的原则。

公共艺术建设与传统雕塑共通的地方，便是上文所述雕塑的原有特色——物理性和空间性，因为大家都是要处理共同的问题——大小、软硬、轻重、背向及持久性等。其扩展的地方是“公共”这个关键词——这个“公共”场所有多公开？是人人可到的国家公园还是只有住客才可进入的屋苑会所？抑或是制度严明的学校、医院？这包含对“场所精神”的分析和理解，以及如何把这些考虑放到个人艺术取向中。

在开放的时代中，在传统不断被解构、回溯、再解构的过程中，雕塑作为一种公共艺术不免在和其他知识互渗、互相参照的过程中再一次被扩充、重新定义。随着公共艺术的新近发展，雕塑已在狭窄的传统定义和几乎没有边际的“泛艺术”中重新找到自己的范围，让“雕塑”一词仍能拥有独特的意义。

结 语

艺术的生成在开始时本来和生活紧紧扣在一起，渗融在每一生活细节和空间里，后来逐渐成为文字以外的记事工具，其中人和技术、物料的互动产生了功能性以外的美学概念，由此美学法则建立了一整套“恰当的”叙事方式，艺术语言亦因此确立并成为专业知识。在现代主义时期，艺术更脱离社会现实而拥有自身唯一的目的——为艺术而艺术，抽象概念因而亦能得到一定的发展。有趣的是，概念的极致发展亦同时摧毁了一直流传下来的美学法则，搁置传统艺术语言及教养，转而关心艺术与其他知识的互涉。这亦正好反映了由工业到后工业时期的社会转向——由大量生产物质到大量生产信息的转向。它们之间的不同是，艺术仍是小量生产，但生产方式已非关个人手艺，并且不必追求普遍价值。

雕塑作为艺术的一种，所经历的阶段正如上段所述，由物质转向观念和知识，当有形的物料和技术转向无形的意念时，雕塑亦随意念柔化和重新整合自身如水一般的弹性，当进入不同的器皿便变成不同的形状。“泛雕塑”的特征便是它的宽容度和“百搭”的特性。

当雕塑进入公共空间的场所，新的公共空间识觉亦提出了不同的挑战——它一方面肯定了雕塑和空间建设的相似性，亦响应了当代社会的大趋向——多元互通、交叉互动。当雕塑被置于公共知识领域时，不可避免地与不同知识的“碰撞”的结果亦顺道促成“泛雕塑”了。

公共艺术——如何更好地被我们理解

克劳斯·布利（Claus Bury）

德国纽伦堡艺术学院第一副院长，教授，德国著名公共艺术家。

首先我要感谢各位，感谢大会邀请我参加此次公共艺术暨教育国际研讨会，我感到非常荣幸。这是我第一次来到中国，能够跟大家分享我家乡法兰克福的公共艺术作品，我感到十分兴奋。不过，开始前先容我说：校园内的学生作品，令我印象非常深刻。我想这些年轻的艺术工作者正处于新气象当中，对艺术工作者来说，没有什么事情能比参与国际交流更好。我也很高兴再次碰到丹尼斯·奥本海姆，35年前我还是刚入行的年轻艺术工作者时，我就碰到过他——那次是在纽约，我身为德国艺术工作者，美国一直是梦想地——我们集中讨论在艺术尤其是美国的公共艺术领域上。丹尼斯等几位著名国际艺术工作者当时已备受瞩目，对我而言，那次是到不同的地方去互相学习、交流，那是艺术的真谛。

很高兴可以在此向你们展示我家乡德国法兰克福的公共艺术例子。

法兰克福显然不能跟纽约和香港相比，但它仍然建有一些摩天大楼，法兰克福市长因此就自称我们是Mainhattan，这是有点荒谬的。

然而，法兰克福仍是一个金融中心，像欧洲中央银行就设在那里，沿美茵河你可以看到一幢摩天大楼——这是伦敦的Norman Foster爵士设计的商业银行（Commerzbank 图1）总行。我们也有几座由国际知名建筑师设计的大楼。沿河聚集了约20间博物馆，都是法兰克福市立的，例如建筑博物馆、电影博物馆、通讯博物馆，可以和法国罗浮宫的Stadl博物馆相媲美，虽然规模较小但有很多

图1

重要藏品。此外，还有古代雕塑博物馆，比如Hans Hollein设计的现代艺术博物馆，Richard Meier设计的应用艺术博物馆。也就是说，在河两岸总长4到5千米的路上，你都可以信步走入任何一所博物馆，这是公共生活，沿着河畔的这些博物馆，本身就是艺术。

图2

图3

现在，大家可以看到Jonathan Borofsky的作品《敲锤人》（*Hammering Man* 图2），它好比一尊迎客雕像，欢迎穿过露天广场，取道机场进入法兰克福的人。而广场右边的大厦就是以芝加哥为基地的德国设计师Helmut Jahn的作品。沿着大街直往前走800米左右便是火车总站，再往左走就是市中心。沿途很多国际知名艺术家的杰作都在此，所以，可以说是目不暇接。而且你还可以看到人们如何在Jonathan Borofsky作品中穿梭，*Hammering Man*亦标示了这城镇的熙熙攘攘的气氛。

这是西班牙著名艺术家Alfaro的雕塑（图3），不锈钢的梁柱像雨伞张开，你可以穿过其中，像一道闸，也像座小桥，在其中一个主要交接点有个小小的空

图4

间，令你突然间好像走进一个幽静的室内空间，感觉很好。

这个作品相信大家都知道，是Claes Oldenburg的《反了的领与领带》（*Inverted Collar & Tie* 图4），就在纽约建筑师Kohn Pedersen Fox设计的DZ Bank大楼前面，令我想起自由女神像，从结构造型上来说非常漂亮。DZ Bank对

图5

收藏现代摄影作品特别着迷，收藏了很多重要的现代摄影作品，也致力于搜罗这些作品。而他们已经将藏品捐赠给Stadel博物馆，该馆将于未来几年拓展新翼收藏。因此，你们可见像银行和保险公司这些捐赠者，不独在公共空间艺术，对一般艺术而言，也是主力之一。

再走远一点，便是这个我在1997年用铝造成的作品——《钟摆》（*Pendulum* 图5），这个铝我还得告诉你是来自中国，当时我们要特别到比利时一间公司订购一块25米长的铝板，要不分节的一整块。这里你可以看到物料上光的反射，它有点向街道倾斜，后面是间小餐馆，以及可供路过的人歇脚的石级。不幸的是，作

图6

品完成及安放在上址之后出现一个严重的问题：政府根据城市规划蓝图，把一柱街灯放在我的作品前面，虽然我想尽办法要弄走宅，但还是失败了。

图6这是德意志银行总行前的作品，德意志银行同样有很多重要的艺术藏品，在这幢大楼里，每一层都陈列了一位著名艺术家的作品，而大楼外则有这个瑞士艺术家兼建筑师 Max Bill的雕塑。这个雕塑是用一块石头做出来的，而且很有动感，好像律动不止，它看起来很轻，但可以想象它是极重的作品，虽然我不知道这一块石头到底重多少吨。它的曲线很优美，石头看起来很轻，令你常觉得自己好像都会被吸引进去，确实是非常美丽的艺术品。

接着我要展示的是坐落在它对面，西班牙著名雕塑家Eduardo Chillida的

图7

名作——《歌德之家》（*The House of Goethe* 图7），这个作品跟所处的公园环境浑然一体；它的背景是日本中心，那幢日本大厦设计巧妙，毗邻的正是Norman Forster设计的商业银行。

以上是法兰克福一些由著名艺术家创作的公共艺术作品例子，其他的例子还包括Per Kirkeby．Ulrich Ruchreim、 Franz West，等等。

现在，我想跟大家分享我个人做大型公共艺术作品的经验，这公共项目我花了6年完成，它就叫做《比特费尔德拱道》（*Bitterfeld Arch* 图8、图9），比特费尔德是前东德的一个工业重镇。我还记得德国仍处于分裂状态时，我每次飞去柏林都要经过比特费尔德，从飞机上看这个地方都是灰烟漫天的，因为那里有很多化工厂，是前东德的化工基地，而且它也是煤矿开采区，开采供电的煤。它是一个湖区但却完全被污染，最后花了15年时间才把这个地方治理过来，成为一个美丽的风景区。1999年有人邀请我做一个地标计划，我当时没有这城市的“地标”概念，于是我去比特费尔德亲眼看看，跟当地人交流，参观博物馆，从而对这个城市的历史有了更多的了解，然后我走到山上去——山其实是人工造的，是用采煤时掘出不要的泥土堆成的，这座山高30米，上面布满了树，但都是人工种的，

图8

图9

当时我无法知道在山上会看到什么，因为我被树木围住了。因此我租了像这样的升降台从树上看过去，看看有什么可见的风景，看看可以看到多远。然后我明白我不能在这里建造一座大塔，因为如是拾级而上的话，人们就无法体验这样的风景了。所以，我的构思是建一条上行的坡道，以至于人不会察觉自己是在往上走。一条缓坡，6度斜度，即使残疾人士也能坐着轮椅上去看看。这是属于每个人的艺术。我认为真正的公共艺术作品，就应该能为人所使用，而不该被质问“这是艺术或这不是艺术”。作品就在那里供人使用，让他们享受美景。开始时整个项目颇具争议。德国有政党制，执政党批准一个项目往往由于他们认为对于己方

有利，而反对党，当然，就反对它。当时我不知道邀请我设计地标的郡政府由一个政党掌握，而地标所在的城市却为另一个政党控制，所以那座城市是反对兴建的，于是我被夹在中间，要游说两个政党来开展讨论。我展示了模型和草图后，有个当地报纸的批评家问我："你认为这真能实行吗？"我说："我不知道，但如果我没有梦，我就枉为艺术家，因此我相信这个设想是能够实现的。"经过3年筹款——从地方政府那里得到的钱是不够的，从州政府那里得到的钱也不多，最终是从欧盟那里得到资金才完成。由幻灯片你们可以知道作品是怎么样的。我的构思是看起来非常脆弱，如羽毛般的雕塑作品，但是人们可以步行上去，从下面看去整个都是通透的。

谢谢大家！

时代的诉求
——发展中的中国公共艺术

○王　中

中央美术学院城市设计学院副院长、公共艺术系主任、副教授,城市视觉文化研究中心主任，硕士研究生导师,北京市人民政府专家顾问团顾问，中国雕塑学会副秘书长,全国城市雕塑艺术委员会委员。

无论是从建筑、都市规划还是从艺术的角度来看，时代正逐渐将注意力转向公共艺术——南条史生

当“艺术”的前面安放了“公共”作为前缀，“公共艺术”就不仅是艺术的问题，“公共性”才是其发生的前提，更牵涉到哲学观念、社会价值、城市形象、都市文化和产业经济等诸多问题。

伴随着现代绘画、雕塑和现代建筑以及当代公共空间的发展和转型而带来的城市文化新需求，“公共艺术”成为当代城市文化的重要载体，作为一种当代文化现象的公共艺术代表了艺术与城市、艺术与大众、艺术与社会关系的一种新的取向。

但是，对“公共艺术”概念和涉及范围的界定，不同的国家、不同的历史时期和不同的文化视角都有着不同的解读。

公共艺术导入中国的历史背景

我国的城市建设在改革开放30年建设成果的基础上，正在步入注重自然与人文和谐、诉求差异和特色以及全面塑造城市文化形象发展的新阶段。城市建设从规模走向质量的转型带来了城市设计与建设的新课题。

中国文化以及东方精神向来重视人与自然的和谐共存，然而，在片面地追求经济指标与物质文明的过程中，我们逐渐淡忘了这一宝贵的文化精髓。因此，对城市中蕴含的文化的注视是我们当下一个紧迫的任务。

自20世纪80年代以来，随着我国改革开放基本国策的全面实施，中国的城市化进程飞速发展，取得了令人瞩目的成就。然而就总体城市化比例而言，我国目前的城市化水平尚不足40%，与发达国家70%的城市化水平相比，还有广阔的发展空间。随着我国经济的持续增长，可以肯定的是，在21世纪的上半叶，世界上规模最大的城市化进程将集中在中国大陆，一个全国范围内通向城市化的趋势已全面展开。可以说，作为全球城市化进程的主角——中国正经历一个城市化进程的“大跃进”时期。

然而“大跃进”是一把双刃剑，要在几十年内完成几个世纪的进化过程，我们的城市结构、空间形态、社区营造、生态环境以及历史文化的保护与发展等诸多方面必然带来诸多亟待解决的课题。城市问题对于今天的中国来说显得尤为重要，空前高速发展的城市建设抹杀了许多城市的独立品格，而这种独立品格恰恰是与特有的都市文化息息相关的。

如果说公共艺术存在基础的“公共性”是伴随着市民社会成长的民主需求而存在的，那么我们也可以说自从孙中山主张的民权、民主、民生的“三民主义”思想在推翻封建社会，到五四运动倡导的民主与科学，蔡元培先生提出的“以美育代宗教”以后，中国就应具有公共艺术存在的温床。然而遗憾的是，民主的精神在中国并未真正得到发展。

“公共艺术”概念最初被引入我国是在20世纪90年代初，以城市雕塑和壁画为主要形式出现在城市空间，这与中国城市建设的飞速发展带来的城市“文化装饰”的“快餐”需求相关联，并在全国范围内掀起了轰轰烈烈的城市雕塑运动。

1995年以后，我国“公共艺术”的称谓开始以“城市雕塑与公共艺术”的概念启用，虽然该时期在艺术院校及专业人士的范围里开始谈及和关注公共艺术的概念，但也只是把公共艺术理解为城市环境的“美化”和“填充”，并没有进入到当今国际文化视野和学术层面进行广泛的研究，随着国际交流的增加，“公共艺术”开始作为一个独立使用的概念，当“公共艺术”（Public Art）一词席卷大江南北，成为一个专有名词时，我们开始认识到“公共艺术”所代表的不只是一个共同认知的文化概念，更是一种当代文化现象。

我们反复思索一个问题——“公共艺术”在我国应以什么样的姿态介入城市系统，并通过这种艺术化空间的营造影响城市的人文体系建构，进而影响人们的行为方式？

面对这些问题，可以想见，我国的“公共艺术”必将经历一系列创造性革命，新时期城市环境需求带来全新的城市文化需求，城市自身开始将艺术和美作为目标。艺术营造城市空间呼之欲出，令城市焕发生机和活力，提高城市的美誉度，也激发人们更加热爱自己的城市和社区。种种这些需求使得公共艺术不得不从一个单纯艺术领域中飞越出来，“美的城市建设成了当前城市文艺复兴的主题，并且城市建设由硬件时代逐步过渡到了软件时代”[1]。

历史的显影

希腊谚语说：“人生虽短暂，艺术永久远。”

对逝去时代的回眸，或者是我们解释今天的一种方式，也是我们找到回归人类本源的一种方式。

或者我们游历在夕阳的宫墙，眺望壮丽的中轴建筑群，在烟云飘渺的石窟崖壁感受大地的宽容……华彩亮丽的高工展凤，雅致精巧的透雕盘螭，你可以嗅到先人鬼斧神工下的华丽惆怅，这景象与逝去的时间交揉在一起，传递着地域的文化品格，过去的时间中似曾充盈着艺术的生命，他们曾生活在美好的吟哦中，他们生活在艺术中……

远古时代以来，艺术对我们的生活是不可或缺的要素。20世纪30年代梁思成先生在北大讲课时曾说“艺术之始，雕塑为先”，艺术刻画了人类文化和历史，促使人类能够亲眼瞧见这些文化和历史。无论是在罗马、巴黎、北京、西安或是纽约，建筑物与公共艺术皆诉说着这些城市的历史。

人类的祖先在营建建筑时，建造工艺和装饰即是一个整体。西方的建筑、雕塑、壁画、园林和手工艺更是以这种综合的整体显示着前人的智慧。

作为一个建筑与艺术环境的整体，雅典的卫城（图1）是由当时著名建筑师伊克蒂诺斯和卡利克拉特在执政官伯里克利主持下设计的，雕塑家菲狄亚斯参与了建筑与雕塑的整体设计和制作。卫城是雅典以及全希腊的一颗明珠，是雅典民主的象征，也是古代希腊文化的标志。

卡比多里奥广场所在的位置传说是古代罗马的中心，山丘上曾有25座神殿，“卡比多里奥”一词即来源于Capital。作为真正的都市组成部分，这个广场是1538年才落成的，由教皇保罗三世授权米开朗琪罗设计并建造的。米开朗琪罗运用透视法则进行了卡比多山的整体改造设计，三座文艺复兴时期的建筑围绕着鲜花般的广场。

明朝时，北京被称为“人类在地球表面上最伟大的个体工程”（图2），将一个城池描述为一个“个体工程”，足见其有机整体的城市气质。1949年北平和平解放前夕，梁思成先生为解放军列出的保护文物清单上郑重地写为“整体北平”。

中国王城的营造有着明确的整体布局。北京遵循古代城市建设经典《周

图1 雅典卫城西面重建图，从总体布局到建筑、雕塑、装饰以及手工艺为一体的总体设计。图片来源：《失落的城市》泛亚国际文化科技股份有限公司出版发行

图2 恢弘的北京建筑中轴线

礼·考工记》提出的原则："匠人营国，方九里，旁三门；国中九经九纬，经涂九轨，左祖右社，面朝后市。" 它通过中轴线与什刹海交汇，大胆地将成片天然湖泊引入城中，确定了整个城市的布局。在儒家思想的基础上，又体现了"人法地，地法天，天法道，道法自然"的道家思想，将"天人合一"的东方精神融于都城营造之中。

依附在建筑物上的艺术

我们今天所解读的公共艺术概念是从"Public Art"一词直译而来的，是"公共"和"艺术"联结而来的复合词，城市"公共艺术"更多地指向一个由西方福利国家发展演变的、强调艺术的公益性和文化福利，通过国家及城市权力和立法机制建置而带来的文化政策。这种文化政策在西方国家早期更多的是依附在建筑上的装饰艺术，近现代城市美化运动和城市文化与公众文化的新需求促进了这一文化政策范围及内涵的发展和流变。

纵观欧洲的历史传统，建筑与雕塑一直是不可分割的孪生兄弟，"建筑物艺术"的政策由来已久。

德国汉堡市"建筑物艺术"的设置和执行具有悠久传统，这里的户外艺术最早可追溯到中世纪，数百年来，汉堡的城市面貌不只是建筑物和城市规划，同时户外艺术也为城市面貌注入了活力。此三者成为汉堡市城市发展的助推器。汉堡市的建筑物、城市规划和户外艺术既是城市发展的形象需求，也是市民的价值取向，更是城市形象的名片，透过古迹和城市艺术品，人们可以重新审视这个城市的面貌。

城市美化运动

1820年以前，巴塞罗那是一个缺少公共空间的城市，公共空间中的艺术品更是凤毛麟角。市民对公共空间艺术的需求最终引发了1860年"赛尔达规划案"（Plan de Cerda）的实施。

巴塞罗那经改造完成了棋盘式城市布局，初现现代都市格局，相应的公共空间尤其是公共空间艺术品的匮乏日益凸显。为了迎接1888年巴塞罗那市第一次举办万国博览会，巴塞罗那市加快了城市美化的步伐，1880年巴塞罗那通过"裴塞拉案"（Proyecto Baixeras），从国家的利益出发，指出建筑具有政治利益，所有的公共建筑物具有国家（地方）形象，让民众欣喜，让商业兴隆，让人民以它的国家（地方）形象为荣。在这种意识的主导下，城市注重地方形象，开始大量地从事文化建设，其中重要手段就是在城市公共空间设置艺术品，而衍生出来的文化政策也相继出笼。这个法案最终促成了巴塞罗那的公共空间及雕塑品的第一个高峰期，奠定了巴塞罗那艺术之城的基础。

同时期美国首都华盛顿1900年迎来建城百年纪念活动，以此为契机提出了改造城市规划，它使大量的人对公共设施发生了兴趣，城市面貌成了热门话题。由此发起的“美化城市运动” 试图在城市人群中建立起归属感和自豪感，使普通人的道德观念良性发展，向欧洲学习，将艺术植入城市肌体，提升城市的文化形象。

“百分比艺术”登场

早在1927年的华盛顿联邦三角区项目中，邮政部大楼建筑预算的2%划拨给用于装饰它的雕塑，司法部花费28万美元用于艺术装饰，国家档案馆亦为艺术品花费预算的4%。

上述三个项目的艺术品超越了建筑附属品的范围，成为“百分比艺术”政策的试金石。

从公共艺术政策角度看，“百分比艺术”的概念可以追溯到1933年罗斯福总统推行的“新政”和财政部的“绘画与雕塑条例”（始于1934年），条例规定联邦建设费用划拨出大约1%用于新建筑的艺术装饰。

1959年12月，费城市议会通过了全美国第一个“百分比艺术法令”，由艺术与文化办公室内的公共艺术办公室负责主管费城“百分比艺术计划”和“保存及收集管理计划”。

“百分比艺术法令”的主要意图在于，通过为城市的建筑工程搭配具有独特风格的艺术作品，从而使整个城市更具活力。法令规定，凡是由市政府参与投资（或独立投资）的建设工程（如大厦、桥梁等），必须保证将工程总造价1%的资金用于与之配套的艺术品建设。

20世纪60年代后，以战后美国的百分比计划为代表在西方掀起一股公共艺术热潮，之后，随着世界各地现代城市的发展，公共艺术热波及世界。20世纪80年代前后，我国台湾地区也出现了研究公共艺术的热潮，经过多年的推动，于1992年通过“文化艺术奖助条例”公共艺术百分比立法。

根据公共艺术评论家约翰·贝克尔（美国重要公共艺术期刊《公共艺术评论》的编辑）的估计，全美平均每天有5500万观众与公共艺术面对面，这个数字大约是画廊、博物馆、剧场观众总数的1000倍。越战纪念碑每天的参观人数超过10万人，放置在机场和地铁的艺术品每天则拥有500万以上的观众。此外，公共艺术得到的媒体关注度是其他艺术形式的10倍。如此庞大的观众数量和媒体关注度使公共艺术不可避免地成为重要的社会资源。

公共艺术与城市文化

2004年哈佛大学的一项研究报告成果得出的核心结论是这样表述的："世界经济发展的重心正在向文化积累厚重的城市转移。"

文化与城市是息息相关的，公共艺术是城市文化建设的重要组成部分，是城市文化最直观、最鲜明的载体，它可以连接城市的历史与未来，增加城市的记忆，讲述城市的故事，满足城市人群的行为需求，创造新的城市文化传统，展示城市的友善表情。

城市公共艺术的建设，是一种精神投射下的社会行为，不仅仅是物理空间的城市公共空间艺术品的简单建设，最终的目的也并不是那些物质形态，而是为了满足城市人群的行为需求，在人们心目中留存城市的文化意象。它是渗透到人们日常生活的路径与场景，通过物化的精神场和一种动态的精神意象引导人们怎么看待自己的城市和生活。

相较于将传统的公共艺术以"品"的方式静态设置在城市的公共空间，当代公共艺术更重视其文化属性，强调"生长"的过程。因此，公共艺术就不仅是城市雕塑、壁画和城市公共空间中物化的构筑体，它还是事件、展演、互动、计划或诱发文化"生长"的城市文化的火种。公共艺术在营造新的城市公共空间与环境景观的同时，也用多重手段创造着城市的新文化，让人文精神包围我们的生活，这种城市文化的精神场甚至可以成为城市风格的助推器。

因此，当我们仅关注公共艺术职能范围的讨论，更多的是把它界定在一个较为宽泛的专业领域，没有对"公共艺术"的"公共性"展开更多的解读时，公共艺术的公共性价值在我国其实还没有得到广泛的发扬。"公共艺术"在中国城市化进程中只是被当作改变城市局部空间的"文化快餐"，更多的是被强制置入大众感官经验和日常生活的物件符号，城市居民往往成为被动审美的客体，这些都背离了公共艺术"公共性"的本体原则。

诚然，对公共艺术的解读是非常繁杂的，即使从"Public Art"一词直译而来的"公共艺术"，所代表的也不是一个约定俗成的文化概念或流派，更多的指向是一个由西方福利国家发展演进的、强调艺术的公益性和文化福利，通过国家和城市权力以及立法机制建置而带来的具有强制特征的文化政策。

公共艺术的当代阐释

公共艺术，在这里是一个由“公共”和“艺术”名词复合而成，“公共”一词的词义为“Commonality”，有公共平民之意。而“公民”的词源为Civis，并由此衍生出了表示公民身份的抽象词civitas（英文Citizenship），该词经过抽象内涵的不断增加，最终成为Commonality的同义词，成为英语中指代比区域面积略大的一片人群居住地。“艺术”（Art）一词的含义是“技术、巧妙、 美术”，指在自己头脑中形成一个意象图景，这一词汇后来成为英语中的“Art”。艺术一般与视觉相关，主要是通过二维或三维的再现，在人的视觉中留下印象。

当然，公共艺术不能用“公共”和“艺术”二词来分别描述它的语义，“公共艺术”一词一开始就具有在城市里、以人的交往需求为核心而展开的，人们对空间的体验、审美的获取，以及对形态、意象、亲历和审美活动之意。

公共艺术，无论在西方还是在中国都是一个难以说清的概念，历史学家在描述古时公共艺术的时候，往往是指公共空间的艺术，艺术在公共空间中形成各异的艺术语言，它们互相联系又互相区别，共同形成时代的物化标志。

“公共艺术”（Public Art）与城市“公有空间的艺术”（Arte en espacio publico — Art of public space）有什么不同?

“公有空间的艺术”（Arte en espacio publico — Art of public space）指的是由艺术家、设计师、出资者与公众参与而创作的艺术品；“公有空间的艺术品”在20世纪之前更多是在公有空间上设置雕塑品，即使在20世纪70年代以前也仅是 “公有空间的艺术”范围的延展。美国印第安纳波利斯对公共艺术的定义是：“现在，在许多的现代化城市中，艺术家与建筑师、工程师与景观设计师共同合作，以创造视觉化空间来丰富公共场所。这些共同合作的专案包括——人行步道、脚踏车车道、街道和涵洞等公共工程。所有这些公共艺术表现方式，使得一个城市愈发有趣与更适合居住、工作及参访。”

而将公共、大众和艺术联结成一个特殊的文化领域——公共艺术（Public Art）时，它便呈现了更多当代文化精神，甚至成为当代文化现象的代言人。

公共艺术除了具有特殊的艺术价值外，更重要的文化价值在于它的公共性。

城市公共艺术也不等同于一般的城市景观环境，它更强调以文化价值观为出发点的环境营造。日本著名公共艺术策划人南条史生说：“一位优秀的艺术家并非仅是制作美丽的设计作品。他们还经常在作品中注入某些信息。一件作品如果将其摆设于公共场所，艺术家会考虑到作品与摆设空间结构之间的对应，并重视历史文化脉络，甚至会反映环境问题等时代思想。艺术家将作品以兼顾美感及设计感的方式表现出来，仅只是他们为了传达信息的表现手法。”[2]

“一方面，公共艺术代表了一种愿望，试图以乌托邦的形态和场所强化观众对于艺术品、环境乃至世界的体验；另一方面，它又潜在地担当着现代主义的重任，试图颠覆和质疑各种固有的价值观和偏见。”[3]（维维安·洛弗尔 Vivien Lovell）

公共艺术文化价值的核心则包含以艺术的介入改变公众价值，或以艺术为媒介建构或反省人与环境的新关系，它不仅超越物质符号本体、提供隐蔽的教化功能，关键的是经由人、公共艺术、环境、时间的综合感知，批判、质疑或提出新的文化价值与思考。

公共艺术研究的范围与作用

城市空间作为人们生活于其中的栖息地，已成为人类精神的外化。它是文明、文化又是人类生活自身。公共艺术就是用一种“扩大的艺术观念”探讨城市空间与人类生活的互动关系。换言之，公共艺术就是城市空间和人类生活的具有开放性和创造活力的中介。它利用这种互动关系营造空间的多元属性，从而赋予大众不同的空间亲历和多元的生活体验。

公共艺术作为城市文化的载体，可以结合国家级城市设计框架导入城市整体形象的营造；可以用扩大的艺术手段结合城市景观和人居环境介入公共空间，并在传承社区历史和文化的过程中永远与其保持一种开放的对话状态；可以结合城市家具打造富有个性的城市功能设施；可以是动态、开放与互动的展演；可以是留存历史的文化事件；可以通过网络互动艺术或游戏娱乐方式进入大众；还可以是新生活方式的孵化器。

总之，公共艺术是人们对空间的定位，对空间的认同与质疑；公共艺术是人们对空间的审美需求和欲望；公共艺术可以表达人的精神诉求；公共艺术是一种有效的社会文化形态构筑；公共艺术是城市文化意象的营造与解构；公共艺术更是针对社会面临的问题以艺术的方式去揭示、质疑与颠覆，并在这种批判的过程中趋向一种新的建构。

作为学科建制的公共艺术

20世纪80年代末，伴随着中国改革开放的深入发展，中国的公共艺术迎来导入期，而90年代中期以来，在中国社会进入转型期，城市化步伐加快，人们的环境意识和消费意识提高，中国掀起了一股前所未有且持续至今的公共艺术热潮。

近20年来，随着中国城市建设步伐的不断加快，公共空间的商业化趋势明显强化，从而使市民意识得以加强，公共空间的社会属性也发生了变化。一方面这种大拆大建的城市建筑破坏了原有城市空间的宁静协调，另一方面也促使人们去思考新时期城市形象与城市特色的打造问题。也许正是因为这种大拆大建对城市文脉与特色的破坏，才会有强烈的反弹力量去寻求城市的个性。

中国公共艺术从20世纪90年代开始进入了向环境艺术的初步转型阶段。在这个阶段中，思想观念的反思与变革，艺术形式的多元化趋势，以及环境空间的关系等都渐渐地纳入公共艺术的视野，试图把雕塑、壁画、建筑、街道、园林等整合成一个相互关联的统一的空间环境。这里就涉及了公共艺术中不同专业协调合作的重要问题。

2000年之后，中国公共艺术逐渐进入一个全面开花的阶段，包括交流、讲座、出版、研讨、教学、大展以及案例的实现，等等，都带着发现新大陆式的欣喜出现。在短短的几年时间里，全国数十所高校相继建立了公共艺术专业。

然而，这一时期的公共艺术研究仍常常被局限在狭窄的概念上，正如孙振华所言："公共艺术在中国最常见的使用办法，就像过去人们对待前代的佛像那样，用'公共艺术'为'城市雕塑'、'景观艺术'、'环境艺术'重塑金身。很多人使用公共艺术这个概念不过是为了替上述概念换一个比较体面的说法而已。"[4]

由于公共艺术的研究和社会认知度在中国大陆还处于起始阶段，加上公共艺术本身是一个极为宽泛和动态的概念，又有着相当深厚的文化背景和当代意义，作为一门新兴学科的概念难以界定，所以公共艺术在各大高等艺术院校的教学实践中也各有诉求重点。从总体上来看，把公共艺术设置为专业的院校虽然为数不少，很多院校的系和专业只是名为"公共艺术"，基本上是在传统学科的基础上稍加公共艺术之名的点缀，甚至有些仍是传统学科的翻版，既失去了传统学科的特色，也没有抓住公共艺术的文化主旨。所以，公共艺术在中国大陆的整体教学模式还处在比较初级的摸索阶段。

从公共艺术所涉及的范围来看，实难用专业模式来界定，然而不同国家的不同历史时期都有不同的文化诉求，公共艺术遭遇中国特殊历史时期导致的社会诉求，必然带来对教育领域的需求。

然而，发端于欧美的公共艺术20世纪60年代后也在经历动态发展的转型时期，使得国内不同时期有着不同诉求重点的研究呈现着强烈的跳跃性。此外，中国的公共空间模式与文化管理模式相较于国外也有更多的特殊性和复杂性，加上新旧模式转换所表现的不适应性，使站在不同立场上的研究者也发出了相当不同的声音。这种不同一方面是观念之间的取代与被取代的关系造成的，另一方面是公共艺术涉及的范围之广、内涵之深使研究的侧重点有所不同。

目前，国内高校的公共艺术教学实践主要有两种取向：一种取向是结合城市设计、景观和建筑等空间载体进行研究，但这种模式在绝大多数情况下却没有真正引入公共艺术承载文化精神的开放性理念，因此仍然停留在传统学科基础上的衍生上。另一种取向主要结合雕塑、壁画进行研究，但在更多的情况下是停留在以艺术品为主体的公共场所艺术品的概念上。也有少数院校能够打破这两种空间载体的局限，使公共艺术本身变成一种空间载体加以研究，甚至在这种研究中融入了虚拟空间、社会空间的理念，试图全面深入地把公共艺术的精神纳入一种开放的教学体验中，希望进入一种更加综合的空间研究之中。这种空间研究在理念上不仅超越了空间载体的局限，也超越了纯粹理性或美学的意涵，注入了更多的社会学和文化因素，因而成为把文化转化为产业的信息社会的助推器，成为大的城市系统的新的增长点。然而，因为这一工程的复杂性以及时间的紧迫性，这种模式在被赋予了极大的生动性之后，并没有一种深入、系统的表述，因而常常停留在体验探索阶段。这种体验式的教学缺少有效的系统教学设计，系统的理论研究与教学的需求缺少紧密连接。比如一些带有讲座性质的公共艺术课程，常常在短期的兴奋之后出现沉寂的倾向。当然这种刺激还是产生了不少的成果，一些院校常常在邀请海内外相关公共艺术专家访问交流之后，扩展了对公共艺术与空间设计的教学与研究。

近几年公共艺术在教研领域正逐步生根发芽并形成规模，甚至针对非艺术类（包括师范类）大学生的公共艺术教育改革的呼声甚高，一些学者认为这种素质教育对于艺术设计类乃至其他学科的大学生也同等重要。也许正因为如此，一些艺术和设计类院校便开设了“公共艺术研究中心”，这种中心常常是整合了学校不同的学术资源，为在校的学生提供相关的课程和社会实践的学术研究。然而这种跨工作室的试验在某种程度上有着蜻蜓点水和互不关联的倾向，还没有真正做到丰富、深入与连贯性的有机统一。

无论是针对专业还是普及的公共艺术教育，文化意义上的公共艺术都具有不可替代的作用，尤其是面对当代社会的复杂性、综合性以及极为细化、深入的专业分工的双重要求，只有真正把握公共艺术的公共性精神，才能够有效面对社会文化的发展趋势，公共艺术的这种超越精神成为教学与研究的难点与重点。

所以公共艺术的教学可能有两种发展方向，其一是彻底打破空间载体局限，教学重点着眼于全面把握公共艺术的理念、模式与文化精神及其操作实践。其二是针对某一种空间载体，如城市设计、景观、城市家具，等等，引入公共艺术的理念，并在学科融合过程中结合城市的实际，赋予传统学科新的增长点。

而在公共艺术被有意无意的误读之间，随着台湾“文化艺术奖助条例”的出台，以及大量台湾学者研究公共艺术的书籍在大陆相继出版，大陆公共艺术的研究出现了探求公共艺术核心观念的潮流，而国际交流的增多，互联网等媒体的信息量加大，尤其是当代艺术对公共性的追求以及中国城市建设的需求，等等，使中国公共艺术的研究在经过世纪末的热潮之后，继续以逐渐升温的态势跨入新的时期。

北京奥运会和上海世博会的成功申办给本已高温的公共艺术研究带来了更大的发挥空间。在这一个连续的过程中，图书市场也出现了一些颇有分量的公共艺术理论书籍，包括一些翻译的图书。一些大型当代艺术展甚至直接把公共艺术定为展览主题。公共艺术研究热潮的影响甚至超出了艺术领域，而直达城市规划、城市设计、建筑和景观等领域。不同诉求重点的公共艺术研讨会和活动促进了公共艺术的研究与发展。

教学实践——城市记忆走廊

郑州东风渠1.5千米长的线性空间里，保留了一条废弃的铁路。中央美术学院

郑州东风渠现状

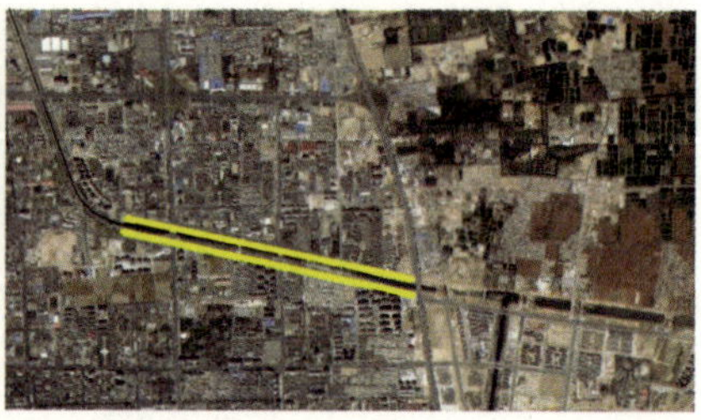

郑州东风渠区域位置

城市设计学院的公共艺术工作室在教学中针对这一环境安排了“公共艺术实务”课题，下面是同学们的部分成果。

蒸汽机与一个小城镇的邂逅

《1904》公园

定位关键词：主题性　情感　叙事性　唯一性　时代感　1904

区域分析：

该区域是一个新兴地块，位于郑东新区西北方向，绿化以及土地改造动作很大，景观规划按照一定模块和单元来复制，以线性空间和步行通道为主，绿地比例很大，景观南北对称，导致空间结构和色彩单调，　空间上缺乏节奏关系，缺乏

城市人文塑造。

主题概念：营造场域精神　赋予空间感情　挖掘城市人文　珍藏城市历史

1904是个年份，但它不仅仅是个年份。它也许是个记忆库档案袋的编码，只是个代号。正如所有的过去时及将来时……

一条被保留下来的老铁轨，在崭新的街区和葱绿的公园中蜿蜒，用岁月的痕迹诉说着工业时代的故事，寓旧于新。

1904并不是一个纪念，我们只是将这个城市驶来第一趟火车的时间提取出来，作为一个语义，它的价值在于将来。

让人们说："我们去1904谈恋爱吧。"

1904年，这是一个契机，一个小城与一辆火车的邂逅。

蒸汽那微醺的气息就从那散发开了……

被拆分的古老站台，重组于繁忙的都市，飘散着上个时代的气味，驾着古老的工业遗产游弋时空。

然后1904在人潮当中悄悄传开，有这么一个秘密的小公园。

注释：

[1] 樋口正一郎：《世界城市环境雕塑·欧洲卷》，197页，北京，中国建筑工业出版社，1997。
[2] 南条史生著，潘广渊译：《艺术与城市——独立策展人十五年的轨迹》，13页，台湾田园城市文化事业有限公司，2004。
[3] 刘茵茵：《公众艺术及模式：东方与西方》11页，上海，上海科学技术出版社，2003。
[4] 孙振华、鲁虹主编：《公共艺术在中国》，引自孙振华《公共艺术的政治学》，30页，香港，香港心源美术出版社，2004。

王中

EF

公共艺术时代的思考

○ 王受之

教授，汕头大学长江艺术与设计学院副院长，美国洛杉矶艺术中心设计学院理论系终身教授，清华大学美术学院、中央美术学院客座教授。

公共艺术古已有之，古希腊、古罗马的众多雕塑、绘画都是为了不同的目的给公众欣赏、膜拜创作的，只是宗教逐步成为艺术的主要的赞助来源，艺术就具有比较大的针对特定群体——宗教信徒的性质，但是几千年以来，艺术虽然有时候有象牙塔的部分，公众性的公共艺术则从来没有完全消失过。不过我们说的这些艺术史上的公共艺术品，都有特别的政治和宗教目的性，表现艺术家本人思想的纯艺术在公共艺术上一直非常稀有，直到现代艺术产生以来，纯艺术的公共性质才越来越强烈。20世纪60年代以来，公共艺术越来越强势，好多重大的国际艺术节基本是以公共艺术为中心的展览，当代公共艺术也跨越了原来公共艺术必须是永久性、说教性的界限，和架上艺术中的纯艺术有越来越密切的关系了。

就公共艺术的问题来说，虽然热，但是大家的认知并不是很清楚，其中一个很容易出现的偏差就是认为把雕塑放在户外就是公共艺术了。公共艺术热因此导致了好多雕塑专业直接改称为“公共艺术专业”。问题在于，是不是博物馆、画廊的艺术品放在公共空间就叫做“公共艺术”？学雕塑的人也因此特别的多起来了。

艺术品放在公共空间就叫做“公共艺术”的问题关键性其实是“公共性”的界定。公共性又是什么？公共性有多少个层次？

从公共部门决定安置公共艺术品到最终建成，整个过程都应该是公共参与的，这样的层次关系和程序关系才真正构成公共艺术。我们现在好多所谓的公共艺术项目事实上是没有经过公共审议的程序的，充其量仅仅是官员艺术、政府艺术而已。一个计划中的公共艺术项目，需要公共部门成立一个公共艺术执行小组，审议和讨论，这个过程包括征选艺术家，或是请不同艺术家来提案比图，或是召开公听会大家来讨论要什么样的艺术品，或是连艺术创作的过程都要强调民众参与。也就是说，从公共艺术的设置讨论是否经过公共的程序，到艺术品是否该让社区居民参与创作，都有公共性的议题存在，从最简单到最复杂的程序细节都要包括。

在设置公共艺术的过程中，为了强调公共性，常会出现许多饶富趣味的讨论与课题。公共艺术品需要市民的参与来创作，虽然有人说，市民和居民的美学素养与创意并不如学院出身的艺术家的专业认知程度，但是，当一件公共艺术品强调公共性的时候，居民的角色则不得不强调。

居民参与这部分的公共性议题，形式比较多见的是项目的公听会，公听会有双面的功能，一方面能够让我们民众透过公共艺术的设置与运作，将审美的议题群众化，借着公共艺术的设置，提升民众对环境的意识；另外一方面可以让他们参与公共艺术的活动，增进他们对文化艺术的欣赏水平，增加公众对艺术创作的支持。

公共艺术品和美术馆及博物馆里的艺术品有所不同。美术馆的艺术品观赏，大众必须经过一段距离，进入到封闭的室内才会看到艺术品，公共艺术则是人们在不经意的日常生活环境中就能碰到和观赏得到的。因此，如果公共艺术创作、设计、放置得好，对大众的生活环境和公共空间的审美氛围的提高是直接的，这种艺术不需要透过语言的翻译就可以沟通，由艺术得到共识，就是经常说的“审美的共同体”。

在审美的意识在各地区民众的心中都大幅提升的同时，公共艺术的讨论又面临另一层次的问题：美的认知如何得到共识？美学共同体的建构也因此会被纳入同样的讨论中。公共领域的问题是民众关心的问题，被讨论、争议，电视、网络和印刷媒体上对这类讨论连篇累牍，可见公众对自身问题的关注，公共议题是大家最关心的议题。不过，往往我们认为的公共的领域仅仅是民生方面的，比较容易忽视公共领域在美学方面的影响。事实上，自从康德以来，大家就一直在思考公共领域里的审美问题，探讨如何在审美的不同认知中，沟通出一种共同的感受。审美共同体系的可能性应该可以放到公共议题的课题中讨论。换句话说，倘若公共艺术讨论的广度以及深度够的话，很多社会学研究和文化研究的题目也应包含在其中。

对于公共艺术的态度，民众有不同的看法，有些比较悲观的人，认为推倡公共艺术会使得我们的城市到处充满着固化的艺术垃圾，丑陋的所谓雕塑，何况现在城市建筑的过度发展，已经造成我们的建筑、街道和景观“垃圾化”了，因此不少人对公共艺术是抱相当消极的态度的。按照逻辑来说，应该是先有好的公共建筑，然后才会提公共艺术，在公共建筑丑陋的前提下提倡公共艺术，本末倒置，这个看法我认为是正确的。不要以为公共艺术能够单独美化城市，它必须和公共建筑、公共环境、绿化生态配合，才能够打造好的都市品质。

从理论方面来看，公共艺术的类型演变，公共艺术课题的崛起，也反映了这个现代艺术思潮的演化过程。过去艺术的作用在于分辨阶级。19世纪之前，艺术属于封闭的阶级所有，包含了阶级概念。进入20世纪，从现代主义到后现代主义，艺术的疆界和定义被打破，艺术不一定只是美丽喜悦的，艺术可以是丑陋的、亵渎的、惊悚的、自残的。而在形式上，艺术与表演、戏剧和多媒体等跨领域的融合，思考更为复杂。艺术的所有者不再是少数精英，而是多数民众了。公共艺术的产生与讨论其实正反映了整个艺术演变的潮流，公共艺术打破了不同艺术形式之间以往的疆界。艺术品成了一般大众可以触摸参与的对象，而艺术的创作也不再只是专业艺术家，一般民众也可以是创作者。许多艺术家甚至在公共艺术创作过程中自己消失，让参与的民众浮现。艺术不再专属于特定社会阶层，或者是少数精英。艺术被放在公共场合，而不是封闭的室内。

在现代主义思潮的脉络中，专业者和艺术家常有一种精英的心态。在和一般民众的对话中，市民可能会对艺术作品评头论足，而艺术家往往认为民众不懂艺术，因此没有权利评论艺术。事实上，当代主义的思考模式在发生变化，在艺术上我们逐步放弃了原来的认为只有 “文化资本”的人才能欣赏艺术作品的立场。艺术家是有文化资本的，而像一般民众没有，这两个阶级碰不到一起，也鲜少产生互动沟通。而公共艺术的立场，是认为无论有没有文化资本的人，对艺术都有话语权。

从历史上看，早期推动公共艺术的时候，西方对于公共艺术议题是从雅俗共赏、艺术家与民众的共识和对话的立场开始的，公共艺术会是一种美学的社会运动和美学的文化运动，公共艺术的产生针对过去一个时代的认知提出反省，试图打破僵局。公共艺术界认为成功的公共艺术家，应该知道自己的创作是在跟一般市民作对话，是跟不懂艺术的、没有受过专业训练的人对话。对话是一种双向的沟通。公共艺术成为这样一种沟通的过程。世界各地很多艺术家都在做这种突破的尝试。有些新形态的公共艺术作品，甚至可以见到艺术家让自己消失，艺术家的作用在于激发民众的想象，因此是市民的作品，是社区的作品，和传统艺术总是大论述、大师的创作大相径庭。

一个艺术家透过艺术作品，强调它的社会性，但是社会性究竟要增加到什么程度？膨胀到让自己作为一个创作者的身份消失？或者利用大众把自己推得更崇高？这是剧烈的时代思想变迁，高低差别、“文化资本”的疆界在消失。没有界限的地方，不只是艺术家跟非艺术家，公共艺术变成一个不同艺术领域专业与非专业的沟通过程。各类型的艺术打破彼此的领域疆界，互动挪用。疆界的打破、定义的交融，公共艺术发展至今呈现出这样新的面貌。如果再回头去问刚开始提到的问题，公共艺术究竟强调的是艺术性还是公共性？这些看似冲突矛盾的问题本身都已经在思潮的演变中有了逐渐清楚和谐的解释轮廓。

从这样的一种情况出发，我们也会看到公共艺术是不是一定是视觉艺术的问题变得越来越突出了。视觉艺术主要是造型艺术，造型艺术的核心就是绘画。可是过去定义的艺术分类方式今天已经被打破。街头表演是视觉艺术，在北京奥运会设计焰火的蔡国强也不能不被视为视觉艺术家。装置艺术使得问题更复杂，有了即兴艺术的形式出来，在艺术的创造与接受的关系中，主体跟客体的分界已经完全被瓦解。跨界、跨领域的课题，也在公共艺术中不断发生。

全世界针对公共艺术课题的思考中有好多新的思考，这些问题是我们对公共艺术认识和关切的焦点。在公共艺术方面，有些国家和地区发展得非常快，比如日本有些建筑师设计的建筑设计对公共参与的考虑程度，细到每一个公寓住户都参与到建筑的室内设计和外部的景观设计中。公共参与的程度和层次，虽然是探索，但是提出的新议题是提倡所有人都要参与设计和艺术创作的过程，这在实践上是否可能、是否有意义，令人深思。

当代艺术中经常提到的“艺术已死，艺术已经终结”这种对美的突破性见解，虽然有些耸人听闻，却是千真万确的艺术面临的情况。不管是公共艺术还是“纯艺术”，都已经不是传统观念里面的艺术创作。艺术可以是丑陋的，甚至是亵渎的，传统的美学观念已经有点“反美学”的倾向，反美学跟美学之间怎样取得协调，在公共艺术中如何面对这种创作上的反美学的倾向，不是一个很简单的问题。

因为公共艺术的参与性特点，公共艺术雅俗共赏的特点，民众认同的特点，因此当代公共艺术中沿用了好几种现代艺术的套路。公共艺术和当代艺术有部分重迭的关系，但是因为需要具有公共展示的性质，因此也不完全是当代艺术的范围，有些当代艺术的运动，比如新写实主义和概念艺术，在公共艺术中就比较少应用，而波普运动和极限主义艺术则是公共艺术很常用的手法。我在这里简单地谈谈波普运动在公共艺术中的延伸使用，仅仅是一个公共艺术和“纯艺术”互动的典型而已。

目前的公共艺术中比较多见的是从20世纪60年代波普艺术发展出来的新波普。波普是20世纪五六十年代发展起来的反主流文化内容之一，波普艺术从艺术史发展的角度来看，应该可以视为自从立体主义和表现主义以来艺术上又一次重大的质的改变，它完全破坏了所有艺术遵循的艺术具有高低之分的原则，打破了原来公认的严肃艺术应该是高级的艺术的界限，而把日常熟视无睹的生活内容、商业内容、新闻媒体引导的支离破碎的社会形象，利用商业符号的拼凑方式，利用完全没有艺术家情绪倾向的中立方式和绝对客观立场来从事创作，因而是20世纪艺术另外一个重要的转折点。波普打破了自从1940年以来抽象表现主义艺术垄断严肃艺术的状况，打破了艺术创作中长期以来有高低之分的状况，突破了现代主义艺术运动以来形成的新权势力量对艺术的控制，开拓了通俗、庸俗、大众化、游戏化、绝对客观主义创作的新途径，在现代艺术史上具有非常重要的意义。波普是自从立体主义以来20世纪中最重要的艺术运动，它与立体主义一样，具有现代艺术史上的转折点作用。

波普艺术在20世纪60年代达到高潮，70年代末开始衰落。西方主流艺术中的观念艺术、极限主义（或者称为“减少主义”）等等形式逐步取代了波普的位置，成为严肃艺术的主要发展方向。直到80年代中期，才出现了一系列新的艺术探索，向观念艺术和极限主义这些艺术的垄断地位挑战，其中一个非常值得注意的运动就是再次出现的波普艺术，这个运动包括了一些60年代的旧波普艺术家，比如劳生柏、李奇登斯坦、罗森奎斯特、欧登柏格、霍克尼等等，但是也出现了一些新人，而这个波普艺术的发展范围也不限于美国和英国，在欧洲其他国家和世界其他地区都有所发展，成为非常令人注目的新浪潮。评论界有些人把它称为“新波普艺术”运动，从英语字面看，是“Post Pop”，也可以翻译成为“后波普运动”，或者“晚期波普运动”。

“波普”的命名是来自“流行艺术”（Popular Art）这个源，是由艺术评论家劳伦斯·阿罗威看到那些平庸无奇的商业主题绘画、雕塑和装置时，就“流行艺术”的这个词而给予命名的。大部分从事波普艺术的艺术家都不认为波普是流行艺术，而认为从事波普的人必须有职业的训练，而不是人人都可以从事波普创作的，专业训练是流行艺术和波普艺术的区别，前者无需特殊训练，而后者则要求训练，英国波普艺术家理查·汉米顿在与美国艺术评论家罗伯特·修斯的讨论中就明确提出这个基本的原则和立场。

美国的波普艺术家主要有安迪·沃荷、李奇登斯坦、克莱斯·欧登柏格、汤姆·魏斯曼、詹姆斯·罗森奎斯特、罗伯特·印地安纳等人，而英国比较重要的波普艺术家则有大卫·霍克尼和彼德·布莱克等，还有斯图亚特·戴维斯、葛拉尔德·墨菲和费迪南·勒泽这些人物。他们共同的创作特点是采用最通俗和日常的题材作为创作动机和主题，这些通俗和商业题材又同时对现代生活具有最重要的影响，比如可口可乐、好莱坞电影明星、美国的连环画、内容空泛的电视节目，还有数量庞大的各种印刷品的冲击，比如日常的报纸版面、各种杂志报纸、各种类型的广告等等，都是人们日常所见，几乎成为现代人日常生活组成部分的内容，也是最具有熟视无睹特点的主题。这些生活的内容，特别是商业内容，逐步成为现代人生活的一个不可分割的部分，同时也象征了商业时代，所以它们都具有强烈的象征特点，也就是西方艺术理论家称为“Iconography”的这个特征。

波普艺术非常注意的通俗文化主题是新闻媒体。第二次世界大战结束以后，新闻媒体已经日益成为我们生活中的一个不可分割的部分，电视、报纸、杂志铺天盖地，我们几乎无法逃避它们日夜轰炸性的攻击，量的攻击是新闻媒体对我们生活的最大影响，巨大的信息量其实是人们无法消化的，但是庞大的新闻媒体集团却通过电视、报纸、杂志等等形式不断地把所谓的新闻和信息强迫性地塞给大众，而这种强迫性又是在各种通过精心设计的、以商业广告包装的方式进行的，因此大众是在无特别防范的状态下被媒体俘虏的，生活的品质也因而发生了改变，人际关系也因此发生了改变。我们接受到的由新闻媒体传递的信息却又是破碎不堪的，电视频道繁多，内容繁杂，作为一个接受者，我们的思路完全没有一个完整的体系，受到各种不同媒体传播的各种完全没有关系的内容的被动性影响，因此支离破碎性的印象是现代人生活的一个非常重要的特征，波普艺术采用的表现方式，在很大程度上是表现这种支离破碎的媒体印象。

波普的表现虽然与达达艺术有密切关系，但是它也有自己与众不同的特点，归纳来说，波普艺术家对这些通俗的、日常的、商业的、媒体主导的、支离破碎主题的处理有三个基本的原则：

（一）赤裸裸地明确强调通俗、商业、媒体主导、支离破碎感，全没有掩饰，商业就是商业，通俗就是通俗，清清楚楚，英语称为Emphatical方式。

（二）完全的中立立场，没有倾向性，成为绝对客观主义，也就是英语中称为objective的方式。波普艺术家对他们使用的表现对象，没有称赞、没有颂扬，也没有贬低和反对，仅仅是冷漠地表达。这第二个特征是非常重要的，因为一旦加入艺术家对对象的情感，也就不是波普了。这正是他们与达达主义以及其他任何形式的艺术不同的地方，也是造成波普最终与现代艺术分离的原因。长期以来，甚至在现代主义艺术运动以来，艺术家依然强调自我的表现，情绪的表达，无论是野兽派、立体主义还是荷兰的风格派、德国表现主义，自我是一个非常重要的创作源泉，而波普却基本把自我放到可有可无的地位，对题材没有立场，他们的作品没有喜怒哀乐，没有褒贬，仅仅是把每天充斥我们感官的商业内容、新闻的支离破碎印象中立地、毫无表情地以拼合的方式再现给我们。

（三）直截了当性和立即性的方法。波普艺术家处理的对象是直截了当的当时的对象，20世纪60年代的民权运动冲突和越南战争造成的美国社会动乱、玛丽莲·梦露的社会效益，是当时每日的话题，波普艺术家就立即取用，无需一个消化的过程，英语称为“Overwhelming Immediacy”。

从这三个方面的方法来看，波普艺术开创了艺术创作中的一个客观主义，对于日常生活中最主要的内容——商业化、媒体引导化等等采取普遍兼收并蓄的新途径，这样，波普也就造成了战后垄断美国和欧洲艺术主流长达20多年的“抽象表现主义”的终结。

自从20世纪90年代以来，西方艺术面临了很大的意识形态和形式危机，对于大部分到西方当代艺术博物馆和严肃艺术画廊参观的人来说，得到的印象很可能像看见一大堆垃圾或者看到一个支离破碎、乱七八糟的战场一样。各种废物、破烂，没有明确的目的和原则，没有具体的内容，没有共同的形式特征，没有一个可以清晰捕捉到的艺术发展倾向，现代主义艺术已经作为经典进入了博物馆，而自从60年代以来，20多年来似乎确立了基础、站稳了脚跟的波普艺术似乎走进了死胡同，变成混乱、无序的杂乱。看不到趋向，看不到出路。但是也似乎看不到从事普通类型艺术的艺术家有放弃它的可能性。

20世纪60年代的混乱社会状况虽然已经过去，但是自从60年代以来所形成的一系列社会现象，比如商业主义泛滥、媒体肆无忌惮地垄断和左右人们的生活和思维，社会生活的支离破碎化、人们生活的非个人化趋向等等，却依然存在，并且有越来越绝对化的发展趋向。与此同时，70年代以来发展得非常迅速和泛滥的“观念艺术”（或者称“观念主义艺术”和“极限主义艺术”）到90年代开始受到旁落，新一代的艺术家在后现代文化的影响下，企图取消“观念艺术”和“极限主义”艺术，而他们采用的手法和形式，正是波普的。因此，如果要问波普绘画的前途如何，是否能够在未来依然维持发展，依然是当代艺术思考的一个主要的问题。

新波普中影响比较大的是纽约派，这个流派源于20世纪80年代期间在纽约以一群青年艺术家发起的波普运动，具有很强的游戏色彩，其中最主要的领袖人物是凯斯· 哈林。他开创的“涂鸦艺术”目前在国际公共艺术中非常流行。

波普艺术与现代设计的关系，主要体现在公共艺术和环境艺术作品上，而集大成的艺术家是欧登柏格。他的成功，除了艺术之外，主要是为波普和政府公共艺术项目、大企业项目中建立了一条通畅的渠道，提供了一种特殊的艺术形式，既是艺术性的，又是公共性的。

波普艺术在刚刚出现的20世纪60年代是得不到政府支持的，因为波普艺术混淆高低艺术的手法，使大部分政府官员和部分评论家感到疑惑和不解，但是，随着社会接受波普艺术水准的提高，少数波普艺术家能够在公共环境项目中得到委托，从而使波普艺术成为公共艺术的组成部分，其中最成功的是波普雕塑家欧登柏格。他的作品直到现代，依然是公共艺术的一个非常流行的门类。

欧登柏格的作品既是波普的，但是也具有非常讲究的制作工艺，因此不完全是纯粹不分高低艺术的波普艺术典型。重要的是他在题材上打破了高低艺术的界限，而依然维持了制作上的艺术创作技术水准，不是任何人都能够创作出类似他的作品，所以他的作品依然具有高尚艺术的内涵，他的作品具有强烈的象征性特点。也正因为如此，他的波普艺术作品才能够一直受到广泛的欢迎，甚至得到政府官员的欣赏与支持。欧登柏格的作品通过公共环境艺术而使波普成为真正的大众的艺术形式。他是跨越了第一代波普和新波普两个时代的很少的几个波普艺术家之一。他的作品方法，特别是把小放大的手法，影响了很多当代艺术家，其中保加利亚裔的克里斯托模仿他的方法，创作了不少类似的波普风格雕塑。

但是，必须看到欧登柏格成功的另外一个侧面，他的作品也同时体现了波普的一个问题：因为太容易模仿，所以太容易成为流行风格，目前模仿他的作品风格的艺术品比比皆是，而哪个是属于他的创作，有时非常难分辨。虽然波普艺术家表示他们不要强调个人，希望非个人化，但是艺术一旦雷同，成为批量化的对象，艺术本身的凝固力也就消失了。在现代西方社会中，一但流行，很快就庸俗、滥觞，从而失去原来的原创力量。艺术的前卫性也因此而消失。

我们举办的公共艺术研讨会的目的，就是要从公共艺术的几个重要的议题方面来研讨这个对普通民众和对城市越来越具有影响力的艺术门类，希望能够促进我们的公共艺术进一步明确发展的途径。

公共艺术国际论坛暨教育研讨会 2008
Public Art International Forum & Education Seminar

公共艺术中艺术家的态度和思考方式

○ 许庚岭

教授，四川音乐学院、成都美术学院雕塑系主任，北京人文空间雕塑研究所雕塑家。

"公共艺术"这一概念并非指艺术的一个门类，而是将某种艺术门类用来介入公共空间而产生的艺术与社会发生作用的新方式。它的特征是艺术与社会公众发生密切的关系、艺术介入公众的日常生活从而影响社会意识形态。正因为如此，公共艺术不可避免地带有社会性，也不可避免地逃脱不了与社会政治的关系。然而无论它与社会政治有着怎样的瓜葛，作为参与公共艺术的艺术家应该在创作中持有什么样的态度和思考方式，这是公共艺术中极为重要和必须给予明确回答的问题。艺术家在公共艺术中扮演什么样的角色，艺术家与政客，与出资人形成什么样的关系；艺术家如何面对公共空间，面对公众等因素将决定一件公共艺术项目的总体品质和艺术含量。本文试图围绕这一问题从艺术与政治、艺术与大众、艺术家应具备的品格等人们常常涉及的角度加以讨论。

艺术与政治

公共艺术因其与社会、与政治密不可分的关系，使我们无法回避有关政治的话题。但凡大型的公共艺术项目总是离不开与政府间的合作。为实现一件公共艺术作品，艺术家自始至终避免不了与政府间大量的沟通工作，其工作量之浩繁有时甚至超过了项目的建设本身。在公共艺术领域有所作为的艺术家大都具备这类说服与沟通的技巧。国际上也不乏这方面的天才，比如克里斯托与克劳德夫妇，其每一件作品的实施背后都有着数不清的说服与社交努力。这似乎给国内参与公共艺术的艺术家们树立了榜样。于是大家似乎有了这样一种共识，即参与公共艺术的艺术家必须具备政治家的头脑，甚至有人说一个公共艺术家首先应该是一个政治家。

我并不否认政治博弈的技巧能够让一位参与公共艺术的艺术家拥有更好的实现艺术构想的能力，但现实中与此相反的是很多优秀的艺术家在此能力方面显得非常欠缺甚至低能，以致根本不能获得参与公共艺术项目的机会。所以我认为政治博弈的技巧并不应该是衡量一位艺术家好坏的标准。有一点须加以澄清的是，政治在此只能是实现艺术的手段而不能成为艺术本身。当今的国人大都非常重视实现的手段而忘却手段所涉及的目标对象——艺术。这就导致了目前国内公共艺术领域虽然红火兴旺，却没有多少堪称优秀的作品出现的尴尬现象。现在大家谈得最多的话题是政府体制的弊端，艺术家不能获得尊重，艺术家丧失话语权，进而引发对社会体制的不满和抨击，以及如何改善公共艺术的社会外部条件等问题。这当然没错，但在本文中我不准备谈这类问题。原因是：第一，这些问题大家的论述很多已经谈得很深入很到位；第二，这类问题要谈也不应该面对艺术圈来谈，而应该直接面对政府权力部门，这类社会学问题的探讨在艺术家之间毫无意义。我在此想说的是，艺术家首先要考虑的应该是艺术——什么是艺术、如何做艺术、如何做艺术家。我们须将政治的思考与艺术的思考加以区分。

一个艺术家面对世界的思考方式绝不能等同于政治家的方式。这是做艺术的一个起码的前提。对于艺术来说，看待世界，看待自然所采取的首先是一种非功利的态度。如果说艺术有着什么与其他领域截然不同的特性的话即这种非功利性，这是其一。此外，艺术崇尚的是面对自然和世界的一种独立的视角，以及由此激发的独创性思维。这种思维可以是充满感性的情感宣泄，也可以是富于智慧的理性表达。这种独创性思维也正是建立在艺术的非功利性的基础之上的。以上两点是与政治家的思维方式有所不同的。比如政治家将战争看做政治的延伸和手段，眼睛里看到的是胜与败，国家的利益和政治理想的实现，涉及人的个体则是那些杀敌的英雄，伟大的将军和战略家。而在艺术家的眼睛里看到的战争是生命与生命之间的杀戮与剥夺，思考的是关于人的灵魂与肉体的冲突，以及人类为何会因战争变得如此的不能相互沟通；政治家要解决社会面临的现实问题，艺术家则向人们提出对世界及对人类自身生命的终极追问；政治家要努力用政令手段使人类社会实现尽可能的公正，让人们免受物质匮乏的威胁，艺术家则通过作品的表达触动人们内心深处的琴弦，让人们在痛苦、压抑与无奈时看到一丝光亮，发出会心的一笑。所以表面上艺术家和政治家经常面对同一个事务，但看到同一事物的是完全不同的角度。政治追求见解的统一，艺术则挖掘认识的不同。

在公共艺术的讨论中，人们经常提到关爱大众这一话题，似乎这是艺术家面对社会义不容辞的责任。然而什么是关爱？如何关爱？没有人进行过认真的思考和讨论。公众不是我们要照顾的婴儿，艺术家更不能像照看婴儿的保姆一样到超市买来奶粉和营养品喂小孩子。艺术家也不是大众营养品的制造商，根据市场的需求调整生产的计划和策略，然后进行成批生产。若公共艺术的作用仅仅如此，那它顶多等同于某种社会福利。如果一定要将艺术比作社会的某种营养剂的话，艺术家应该是营养的发源地，他的每一个产品都应该是全新的和独一无二的。艺术作品应该是他独特的思维方式所形成的结果和影响。因他独特的视角导致了独特的发现，就好比路边的一块石头，当公众都认为那是一块普通的石头而对其视而不见时，他却发现那是一块美玉，从而引发了公众的惊叹一样。艺术家所做的其实就是向公众表达他面对世界的态度和思考的方法。当他做到了这一点，他也就实现了艺术所能具有的社会功能，从而也可以说实现了对公众的“关爱”。所以，政治与艺术具有完全不同的两种功能。虽然某些艺术作品可能带有某种政治性，比如引发了一些政治性的思考，或将某些政治的因素作为作品使用的材料。但这不等于政治家的思维方式。我绝不反对艺术家与政治家合作，但我反对艺术家在与政治家的合作中丧失了自己应有的角色和身份，丧失了艺术家应有的看世界的态度和方法，使公共艺术沦为政治话语的传声筒。在我看来，当前最重要的不是人家给不给话语权的问题，而是艺术家有没有真正独立话语的问题。当你始终以一个艺术家的态度坚持独立的话语，坚持自己的原则绝不放弃，你早晚会得到应有的尊重。反之如果你没有独立的话语，以常人的方式去思考，即使你的政治技巧很高超，你所做出的东西也只能是一具没有灵魂的空壳。

艺术与大众

经常听到艺术界谈论精英艺术与大众艺术这类提法。而且有绝对多的观点认为公共艺术属于大众而不属于精英的范畴，也有人持相反的观点。仔细想来我觉得这似乎是个伪问题。首先，我不同意精英与大众这样的划分。在持这类观点的人看来，精英艺术是为少数人的，以形式高雅不俗为特征；反之，大众艺术是为多数人的，形式通俗。在我看来，这样的划分又是以社会学的角度进行，背离了艺术的基本原理，而且提法并不科学。对于艺术家来讲，这样的划分也完全没有意义和必要性。艺术就是艺术，只有好坏优劣之分。如果说有精英艺术存在的话，那么优秀的艺术就是精英艺术，优秀的艺术家就是精英艺术家，不论他是搞油画还是刻剪纸，不论他是做青铜还是塑面人；不论他是唱美声还是唱民俗；各类方式各种媒材都有旷世杰作，都有大师存在。反过来说，各艺术门类也都充斥着大量的平庸之作。现在有很多貌似阳春白雪的艺术样式被众多小资们津津乐道，而实际上却是些矫揉造作、虚情假意、徒具外形、内涵空虚的东西，这恰好说明这一问题。

至于通俗性问题，倒是可以在公共艺术的语言问题中予以讨论。因为公共艺术面对的是社会众多的阶层。我曾在前文讲到艺术是一种独立的视角与思考方式。但艺术的传达必然面临语言的问题。我认为公共艺术在此方面的确要予以考虑。语言可以是通俗的，这种通俗指的是语言传达在公众当中的有效性。公共艺术并非一定得板起面孔以多么威严深奥的姿态面对公众，而常常是在一种人们容易接受的方式中表达它的观念和情感。这种公共艺术的案例很多，在此不一一列举，倒是有一个表面上与此相反的例子：理查德·塞拉的作品《倾斜的圆拱》，因其看似粗暴的摆放方式遭致公众的愤怒，最后被拆除，这表面看起来是作品违背了公众的意志，其实在我看来这是一种非常智慧的手段表达了作者的态度，因为这样的结果导致了艺术观念在跟公众的互动中得以真正的实现。需要指出的是，语言传达的通俗是手段的通俗而绝对不能是思想的通俗。这决定了你的作品是否具备艺术基本的品德。思想的通俗其结果是公共艺术沦为公共娱乐。这类东西现在正大量充斥着现代社会，而现实中也有许多人将艺术与娱乐混为一谈。在此必须加以澄清。

呼吸·风景

艺术家的人格与作品的一贯性

中国文化人中有句老话叫做“文如其人”。延伸到艺术圈里我们常说“画如其人”，这实际上说的是艺术家的作品与其人格的一致性。这本来是艺术与艺术家最为本质的一种关系，在艺术的讨论中也无需多谈。然而现在的艺术界存在着一类现象，使得这一话题不得不进行讨论，即艺术家常常扮演着两种角色：一是

异型路灯

关起门来做纯粹的艺术家；二是为了生计在外面揽工程的艺术家。所谓工程就是现在众多的公共艺术项目。其实这两者之间本身并不存在必然的矛盾冲突。问题是许多艺术家扮演的这两种角色是如此的不同，以至于艺术家表现出来的是完全判若两人的品格特征。这是非常奇怪和荒唐的现象。在这些人看来，做项目的目标只有一个——挣人民币。为此目标，做什么样的作品无所谓。所以经常会听到某人说：那只是个“活”——也就是我们常说的“菜雕”，意在谋口饭吃，不是艺术。当然“菜”还有品质低下之含义。　我们试想一下，这种类似人格分裂的现象会给我们的公共艺术带来什么？在众多的公共艺术作品中，还有没有艺术家的出场？当艺术家这一群体普遍被奴性意识左右而丧失了独立人格时，不但公共艺术，就是当今所谓的“纯”艺术，其纯度也要遭到深深的质疑了。一个经常改换面具的人我们很难搞清楚他的真实面目，一个一辈子都带着面具的人我们甚至怀疑其真实的灵魂是否存在。只要看看当今的现实就会发现，现在的一些“精英”

们做的那些“纯粹”的艺术很难让人信服。这体现在追风赶潮，对“成功”的作品形式争相模仿，抓住一个符号不断重复，要聪明抖机灵，我们看到的是成功，是闪亮光鲜的包装，是频繁的出镜亮相与社交，唯独看不到作品中的真诚，其背后遮掩不住的是心灵的空虚，思维的枯竭。而这都是艺术市场这一无形的大手在操纵着这些数量庞大的木偶们。其实我并不反对艺术品的买卖交易，因为艺术只要进入流通领域就不可避免以经济规律运作。我反对的是艺术家瞄着市场去做作品，这表现在许多人在创作过程中左顾右盼、见机行事。这种态度根本上是与艺术背道而驰的。

艺术圈的功利主义与拜金主义使许多人丧失了艺术家应有的面对世界的态度和思考方式。他们只将艺术看做谋取利益与换取豪华舒适生活的手段，将自己沦为以市场法则决定自己行为方式的商贩。现在的市场空前繁荣，而艺术的价值标准与市场的标准又是如此的大相径庭。在这种价值混乱的环境中艺术家该如何维系与艺术的关系，该如何找回自己的灵魂，该怎样思考真正的艺术，该如何发展个人独立的艺术话语，这是当今公共艺术面临的最本质问题，同时也应该引起任何从事艺术创作的人的反思。

Public Art International Forum
& Education Seminar 2008
公共艺术国际论坛暨教育研讨会
举办时间 | Date
2008年1月10日至2008年1月13日
January 10-13, 2008
举办地点 | Location
汕头大学学术交流中心
Academic Conference Centre of
Shantou University
Organizer
Sponsored by
http://www.CKAD.stu.edu.cn
公共艺术国际论坛暨教育研讨会
Public Art International Forum
& Education Seminar 2008

公共艺术国际论
International

2008
minar

不再公共

○张　宇

教授，长江艺术与设计学院美术系主任；德国纽伦堡国立艺术学院“大师生”；早年毕业于中央美术学院雕塑专业。

引　言

艺术本是一种典型个人特质化的东西，艺术家的个人表达或可视为艺术的至高境界。而随着人类社会的“现代化”、现代社会的“全球化”，特别是全球范围的“美国化”，等等，人类对于艺术境界的认识已经发生了极大的变化。公共化的过程，是大约一个世纪以来艺术领域最为显著的特点，无论是国际性的交流、国家性质的事件、美国总统选举以及就职仪式的作秀，还是一个城市、一个学校、一个组织、一个社区、一条街道……艺术的公共化趋势已经无所不在；而在另外一侧，艺术家个人的行为几乎无法逃脱同样的命运，发生在我们身边铺天盖地的展览、拍卖、画廊行为，以及貌似个人化的交流、私下交易甚至个人创作，等等，无不打下深深的“公共”烙印。这是一个被“公共”了的时代，连卧室中的调情都无法逃脱公众视线的今天，无论独立思想还是个人隐私，在某种程度上已经成为一种可遇而不可求的奢望。

一、从话语权说起

当前有一个出镜率极高的词语，就是“话语权”。按照中国的文化传统，“话语权”并非一个需要议论的事情。本没有话语权的大众不需要所谓的“话语权”，有亦无用；本有话语权的上层社会其“话语权”顺理成章，何需议论？特别是经历了改革开放之前几十年的文化制度，“话语权”对于大众来说更成为一种奢望。

然而，随着中国改革开放的进程，“话语权”逐渐被提上议事日程。社会政治氛围的松动，导致老一代国人在某种程度上忘却了过去时代的痛，而期待行使“话语权”；而新的一代则以为“话语权”与生俱来，何需努力争取？于是以更为自然的轻松状态进行自己的表达，其对于话语权的掌控似乎确实不费什么周折。

“话语权”一词的出现以及随后的高出镜率，虽然更多地集中在社会政治生活范畴，然而随着其活动范围的蔓延，即开始越来越多地介入公众生活之中。在我们所熟悉的范围之内，公共艺术概念的出现，亦可被看作公众“话语权”的延伸。试想，在一个没有公众“话语权”的时代以及社会，艺术岂可被普通公众所“公共”？如此看来，公共艺术其实就是一种“话语权”的延伸，一方面艺术家希望通过其艺术思想向公众表达，另一方面公众亦期待通过艺术思想与艺术家进行对话。

公众拥有某种程度的“话语权”，显然是社会发展的一个很大的进步，通过话语权的掌控，公众起码拥有了说话与对话的可能性；在公众特别熟悉的社会生活范围，公众对于话语权的关注更为集中，因为话语权的增长可能直接导致群体生活状态的改善。反观之，公众话语权的增长在另一方面也映射出公共性所导致的问题；在我们所关注的公共艺术领域，如何平衡艺术的公共性与真正的独立艺术思想之间的关系，成为一个极大的难题。

人类今天所表现出来的难于独立思想以及无法隐私，显然是人类自酿的果。无论这个果是甜是苦还是时甜时苦，均可视为个人观点问题。我们所处的时代，相对于亚当夏娃时代多少已经有了一些进步，一般来说不会因为“果”的问题而被逐出园子。然而，艺术多样性成为可能的今天，对于艺术多样性的理解同样也多样性起来，更使对于艺术多样性的曲解成为极大的可能。如果我们站在乐观主义的立场看问题，艺术多样性的存在本身就是社会的一个极大的进步；但是我们同时也必须警惕被伪饰的“多样性”，因为多样性的最基本前提就是独立思想。通过扼杀其他思想而存在的“多样性”，或者一味追求量化的公共主义“多样性”，无可怀疑地属于被伪饰的多样性范畴。

在同一个平台议论艺术之公共性、艺术之多样性、独立艺术思想以及个人隐私等等的关系，是一个很有意思的方式，其中所隐含的统一与矛盾，可以看作是典型的当代文化现象。公共意识强化于艺术领域，即构成了所谓的公共艺术。从现象看去，艺术之公共性与前面提及的艺术之多样性、独立艺术思想或者个人隐私均无甚冲突，但是如果剥开表皮，就会发现其中的矛盾所在。如果说公共艺术的“公众目标原则”与艺术之多样性原则尚可勉强统一，公共艺术与独立艺术思想就是勉强也不可为之，更不用谈个人隐私问题了。

在公众没有话语权的时代，话语权也许是最为重要的公众话语；而进入了有话语权的时代，对于公众来说最为重要的是如何行使话语权去说话了。善用话语权与滥用话语权之间的关系，也与其他许许多多事物类似，总是并存的。由于时代对于公共性的放大，公众的影响力开始飙升，一方面激发了过往时代中缺失的交流，同时又限制了独立思想的发展。话语权对于文化事业来说也像政治生活一样，说白了大致就是利益之争，谁控制了更大范围的话语权，谁就等于获取了更多的公共利益与社会资源。

从公众的角度看过去，生活就是权利与义务的合二为一，其中极为重要的一种权利就是“话语权”。公共艺术概念的出现，将公众的权利与义务上升到了理论的高度；而与公众同台的，是出演的另一端，即艺术家。如何将权利与义务积极地融合，成为一个典型的问题，同时摆在公众与艺术家之间。拥有了一定话语权的公众，尽管可能会将个人的权利尽情发挥，但也常常可能会表现为宽容的态度；而从义务的角度出发，公众却又可能显得刻薄起来，以彰显自己的责任感。这样的现象，在中国社会中表现得尤为明显，大致可以看作是中国文化传承的一个典型的特色，或可套用一句中医的老话：阴阳互补。

二、躁动与孤独同体

躁动的人、孤独的心，似乎已经成为现代人的一种普遍公式，在艺术行业当中，同样可以沿用这样的判断。无论是行业圈子还是艺术家本身，躁动与孤独同体是一个不可回避的现实。躁动，是现代社会的通病，无论是市场的诱惑还是个人贪婪的本性，都在驱动人们的不安与焦虑。社会的公共躁动与个人的孤独感，是我们身边的显性基因；从另一个方面来看，个人的内心躁动与公共范围的孤独，反而是更为致命的隐形基因。

作为公共事业的从业者，艺术家的社会责任在这个时刻更显得具有特殊意义。按照政府与公共艺术从业者的共有概念，公共艺术是以“城市建设的辅助作用”而存在的，其主要功能即“美化城市环境，改善人民生活……”然而，政府所理解的公共艺术之深层意义恐怕还不仅在于此，在政府看来，公共艺术的出现与发展，一定程度上解决了公共范围的若干棘手问题，或可视为化解社会问题的一剂良药。所谓的百分比计划以及某些约定俗成的政府管理模式等等，均可视为此类政策。

也许我们应该承认，公共艺术的出现，在某种程度上的确缓解了公众的焦虑，起码将孤独暂时掩盖在公共的热烈氛围之中。但是，如果将公共艺术看作平息躁动与孤独的灵丹妙药，则显然是一种认识的错位。我们暂且不谈尚待确定的公共艺术概念问题，仅就公共艺术与社会发展这一个问题而论，公共艺术以其表面化的特色而在现代城市建设中引人注目，而这种表面化的特色，恰恰可能是以快餐文化为主流的今天的一个无奈的选择。为什么艺术公共主义本来具一种集体性质，其结果却可能使我们反而孤独？究其原因，表面化的艺术公共性，并非可以解决人的群体性的内心孤独问题，个体的孤独汇集成为群体的孤独，其结果可能会形成更为棘手的、新的社会问题。

另外，公共艺术事业在当代社会的迅速成长，也成就了一批所谓的“公共艺术家”，特别在中国这一类经济与建设都在高速发展的国家，大量的“公共艺术家”被社会与内心的双重躁动所激励，无论从社会责任感还是从个人事业发展出发，都在一夜之间感觉到自我神圣起来。当然，相似的感受并非仅仅出现在公共艺术行业，在一个躁动的时代、躁动的社会，类似的自作多情恐怕是无处不在的。

政府对于艺术公共主义的推动，有效地激励了众多公共艺术家的热情，两种力量的合流形成了中国公共艺术的主流市场。而以中国的社会结构，政府官员掌控公共艺术政策，并且只与官方认可的公共艺术家合作，这样行为的结果，是中国公共艺术风格单一化的基本原因。艺术风格的孤独其实与艺术表面化所造成的孤独有着紧密的联系，并且二者联手强化了公众群体的孤独感。而在我们生活的时代与环境，躁动与孤独是雌雄同体的，躁动催生孤独、孤独激发躁动，循环往复。如是的状态，构成了当代社会的一幅鲜活的图画。

而在公众一侧，从过往社会形态的封闭，将信将疑地通过那一扇犹犹豫豫地打开着的门，内心的感受可想而知。经历这个过程，公众的脚步徘徊在未有定数的社会气氛当中，于是不仅习惯性地对于社会产生怀疑，同时也无时无刻不在怀疑自己。公共艺术在中国20多年来的发展，就是在这样一种现实当中走过来的，除了上述政府与艺术家所合成的公共艺术肌体以外，公众在此也同样扮演了一个重要的角色。虽然公众所扮演的这个角色的确具有其重要性，而且也在某种程度上影响了公共艺术在中国的发展，但毕竟到目前为止他们所处的仍然只能是宾语的角色。

这样的分析，至少可以给我们一个提示，决策者与艺术家、艺术家与公众、公众与决策者，这个三角关系是理清公共艺术发展的一个最为重要的线索。在这个三角关系中，任何一个第三方介入某两者的关系当中去，都会表现出某种可能的尴尬。而这里的尴尬的根源恰恰来自社会意识形态，社会的躁动与孤独辐射到这个关系当中，形成了如是的现实。而仅仅理清关系显然不是目的，促成一个真正稳定的三角关系良性运转，是解决问题的根本；三角之间形成真正的沟通，并且保持其稳定性，是公共艺术健康发展的重要线索之一。

三、是否可以重来

人类生活的变异，经过了若干的岁月，而且没完没了。怀旧是一种情结，同时也是一种暗疾。其实，对于人类过往社会生活的留恋，可理解却不可企望回头。生活与艺术大约都类似于爱情，“有多少爱可以重来”？每个人都会有自己的答案，只是人类有一个欺骗自己的习惯而已。

艺术发展之路经过了以千年记的风风雨雨，谁都知道今天不可能是个结尾，没有结尾的道路才见其魅力，也就勾引了道路上无数的男男女女参与到艺术这个混沌的行为中来。极少有人会感念自己所处的时代，因为人们总是惯于生活在幻想之中，别人家的饭香，唯有自己生活的时代才最可疑，于是就出现了今天传统文化的大规模回归。

中国文化的数度辉煌，除了为我们后代留下了大量的“文化遗产”，也为我们留下了国民血液中的“大国风范”。于是，“重振雄风”成为我们心中最大的结，其根本的愿望就是要再塑辉煌，就是要“重来”，按照场面上的说法就是“重新屹立于世界之林”。

不过，是否真的可以重来我们暂且不谈，就是目前铺天盖地的表面文章也很难给我们自己以信心。当前中国的公共艺术现状，大约为这种判断作出了一个有效的注解。当我首次走进绍兴老城的时候，一度怀疑自己是否走错方向跑到了横店，很是尴尬了一阵。

此时就引出了一个当前出镜率同样极高的词汇，叫做“语境”。据我所知，“语境”本非新造词汇，而可以说是老词新用，倒竟然变成了当代艺术最常用的词汇之一。当代艺术家聚在一起，形成特有的“语境”，而在此语境当中最被常用到的词之一也是“语境”。就拿“语境”来说，以我们所处的时代，其艺术“语境”并非与社会环境形成绝对的联系，有时甚至出现气氛上的隔绝。公共艺术的语言方式尚未真正成型，也为此种“语境”的多变起到了推波助澜的作用。而“语境”的飘忽不定，也在无意之中为艺术独立发展的理论奠定了基础条件。

于是，让我们看到的现实状况是，一方面艺术需要社会生活作为其背景，否则将涉嫌于既无起点又无目标；另一方面艺术又在有意无意之间期待着独立的“语境”，或者自作多情地担心无人对话以及无人可以听懂，或者羞于见人担心对方的质疑。所以，社会生活与艺术发展似乎在各说各话，社会生活往往粗声大气，艺术表达常常自言自语。

艺术之异化就是在这整个过程中逐渐形成的，首先在以“独立语境”为幌子的背景之下取得了相对的独立，接着由于“公共”概念的介入而造成了“语境”的混乱。所谓“重振雄风”或者“重新屹立于世界之林”，无外乎就是对于面前的信心不足而企望于“可以重来”。社会生活中的气氛辐射到艺术中来，造成了艺术发展的特色，所以“艺术来源于生活”，再回馈予社会，于是艺术被“公共”，公共艺术开始正式登上殿堂。但是，无论“是否可以重来”，艺术被“公共”已经成为现实，而且备受社会气氛激励；况且即使“可以重来”，其实过往的辉煌也未必就是艺术的本真，而可能仅只是面目而已。一定程度上的宽慰在于，社会生活重的只是一个过程，少有人费神去追究其所谓的内涵；而艺术的公共主义引导公众模糊了艺术与社会生活的界限，使大家并非以艺术的本质去看待艺术，而是更多地以生活本身去判断艺术的表达。这样就使得公共艺术越来越不依赖于艺术的概念而逐渐开始了自己的独立历程。从这个角度看过去，公共艺术在当今社会的演变，成就了艺术真正的公共价值，只不过公共艺术的现实给我们一种暗示，即或许不能够用公认的艺术概念去构建公共艺术理论。艺术与公共艺术之间不动声色的裂变，导致了我们的一种假设，如果公共艺术在未来发展成为一种真正独立的艺术理论，也是顺理成章的。

四、个人主义

“个人主义”这个词在当今社会已经更多地被“个人主页”所替代，社会生活的公共性由此可略见一斑。就过去我们对于艺术真谛的理解，艺术家真正的个人表达是至高无上的，以此推论，回归个人主义，已成为当今艺术发展所面临的真正主题。

“个人主义”与“个人主页”似乎代表了两个不同的时代，然而“个人主义”所蕴含的意义却远非“个人主页”所能够企及。如前所述，“个人主义”可以被看作艺术的至高境界，而且颇具永恒的意义；而“个人主页”不过是当前时代的一个代表性符号，或可看作是“个人主义”在漫漫发展过程中的一个极为短暂的点。然而，“个人主页”亦独具其特色，有时甚或可以超越“个人主义”的概念而小有其独立意义。“个人主页”以“个人”而成为符号，其特色却恰恰在于“个人中的公共意义”。再者，“个人主页”因其媒体特点而成为个人与公众产生关联的行为方式，其初衷即决定了其“非个人主义”的特色。这样的一种分析，使“个人主页”的主题与内容产生了某种矛盾，我们看到的以“个人”冠名的主页，其根本内涵却是“公共的”、“非个人的”。这样一种看似矛盾的命题，恰恰淋漓尽致地道出了当今社会的特色，个人与公共之间关系的变异，成为时代变迁的一个重要信息。

如此看来，公共艺术概念的出现，似乎也可以看作时代变迁的另一个信号。

这个词一方面蕴含有个人主义强调个人思想的特色，另一方面亦道出了个人主页的公共的、非个人的特色。“公共艺术”这个词的出现，将几种概念巧妙地结合在一起，成为艺术发展过程中内涵最为丰富的概念之一。

然而，我们从艺术的整体发展出发，又不得不对公共艺术概念作用于人类艺术发展的有效性产生怀疑。因为，内涵的丰富有其积极的意义，同时却现出了其中不可回避的矛盾，此种矛盾即来自公共化与个人化之间的关系。如我们所见，极少有人可以同时处理好这种关系，甚至可以怀疑是否真正有人可以平衡这种关系。

如果我们不抱着怀疑一切的态度，或者说是退一步看问题，事情也许就会好办一些。从积极的角度看，公共艺术以其特有的方式解决了某方面的社会问题，成为当代社会发展的一种力量，是不可否认的现实。需要努力的，应该就是如何把这个行业做到更好；而要把公共艺术事业做到更好，其中一个非常重要的因素就是处理好公共与个人之间的关系。

从现实来看，一方面是艺术公共主义的大行其道，另一方面是艺术个人主义观念的摇摆不定。这是一个危险的信号，个人化越来越缺失的现象，将可能导致艺术发展的畸形，其实摆在我们面前的现实大致已经说明了这一点。

在我看来，回归个人主义已经成为当今艺术发展的必由之路，否则，“艺术的商业化”演变为“商业的艺术化”将成为未来艺术发展的主流，不知届时我们将作何感想？

结语：不再公共

在公共艺术大行其道的今日，提出“不再公共”这样一个概念，显然不可切合主流文化圈的脉搏，于是也就不太可能有什么舆论市场。不过，“不再公共”其实只是表达了一种坚持艺术纯粹化的愿望，或许可以被描述为艺术理想主义；而在独立艺术思想难能可贵的今天，要坚持一种所谓的理想主义显然是很艰难的一件事情。然而，按照一般规律来说，任何观点的形成必定有其基础，亦会受到相应的支持，起码不至落入孤家寡人的境地；从另一方面说，坚持某个逆流的观点虽然辛苦，却必定有其个性，这大概也符合基本的艺术规律吧。

不再公共，从一个角度说，可以看作是艺术家在当今艺术发展过程中的一种积极努力，却也会涉嫌于违背社会的发展潮流。无论如何，作为艺术家本身，有其选择个人艺术发展的自由以及对于生活方式的追求，更有其独立思想的自由。艺术家的社会责任之一，就是对于社会现象提出质疑、甚至批判，否则如果每个艺术家都被御用，社会必然会越来越丧失其生命力。

公共艺术已经成为当代社会的艺术发展主流，“不再公共”观点的提出，尝试着在传统艺术观念与当代主流公共艺术之间作出另外一种判断。

公共艺术的观念

○ 孙振华

中国美术学院博士、雕塑系教授、深圳雕塑院院长。中国雕塑学会副会长、中国美术家协会理事、全国城市雕塑艺术委员会副主任、中国雕塑艺术研究中心副主任。

内容摘要:

本文对公共艺术的概念进行了清理，强调公共艺术不是一个艺术门类，也不是一种美化、装饰城市空间的方式；公共艺术是一个当代艺术的概念，它体现了转型期的中国社会为实现公共空间民主化进程的需求，公共艺术的核心观念是：公共性的诉求、社会学转型、地域和场所的针对性。

关键词: 公共艺术　当代性　公共性诉求　社会学转型　地域性　场所特征

近年来，“公共艺术”成为一个时髦的概念，最常见的使用办法，就像过去人们对待前代的佛像那样，用“公共艺术”为“城市雕塑”重塑金身。我们知道，“城市雕塑”本身就是一个有问题的概念，很多人使用“公共艺术”这个概念的时候，不过是在为城市雕塑换一个比较体面的说法而已。

这是对公共艺术的误解。公共艺术不等于城市雕塑和景观艺术，公共艺术的价值取向，或者说公共艺术的观念被很多使用它的人忽略了。

一

公共艺术的核心观念是对公共性的诉求。

“公共艺术”这个概念针对的不仅是公共空间的审美问题，它更重要的是针对公共空间的权利问题。如果看不到“公共艺术”这个概念的出现对转型期的中国社会在公共空间的民主化进程方面所可能起到的推动作用，仍然还在城市雕塑的思维习惯中打转，那么，这种“城头变幻大王旗”式的概念游戏对中国公共空间状态的改善并没有多少实质性的意义。

公共艺术的核心是艺术的公共性。公共性在中国的提出，具有划时代的意义。在“普天之下，莫非王土；率土之滨，莫非王臣”的封建社会，是没有公共性可言的。公共是“私人”的对立面，没有私人，就没有公共。因此，公共性的前提是对每一个个体的肯定和尊重，是对每一个社会个体独立的政治、经济、文化权利的肯定和尊重，是对每一个社会个体的自由思想和独立人格的肯定和尊重，否则将没有公共性可言。公共性意味着交往，意味着沟通，它同时还强调共同的社会秩序和个人的社会责任。在中国，公共性的提出，意味着中国社会正在发生深刻的转型，中国民众开始从新的角度考虑自己在公共空间中的权利问题。

2001年2月28日，全国人大常委会批准了中国政府于1997年10月27日签署的《经济、社会及文化权利国际公约》，这一举动在国际社会产生了强烈的反应。这意味着，中国已经将经济、社会和文化权利问题放置在一个国际的平台上，中国将与国际社会一起通过对话和交流，在经济、社会和文化方面，更深入地进行改革开放，逐步完成整个社会的结构转型，建设一个权利的社会。

从人类空间艺术的历史角度看，空间与权利相互关系源远流长，在很长的时期内，普通民众与空间权利处于一种分离的状态。简单地说，就是少数人的权力压制了多数人的空间权利。神权、王权、地位、身份、阶级属性等等限制和剥夺了人们在社会空间中自由创造的权利以及分享与占有的权利；一个人的空间权利受制于他的社会地位、社会身份和阶级属性。在过去的时代，普通民众有从事空间艺术创造的可能，但是他们却不能同时享有自己所创造的文化成果；曾经创作出大量的宏伟殿堂、巨型雕塑和精美工艺品的能工巧匠们，却无权享用他们所创造的成果，甚至无权留下自己的名字。与之相关的还有，在过去的时代，人们大量的空间艺术的创造不是主动的行为而是一种被动的服役。那些修建了人类文明奇迹（如金字塔和万里长城）的奴隶们和征夫们，当我们今天为他们的创造伟力感到骄傲的时候，又不能不承认人类空间文化遗产上的辉煌与他们的创造者主体身份的失落这样巨大的矛盾，这正是空间权利问题的表现。要消弭历史上的这种矛盾，就要实现空间艺术的权利化，就像联合国《经济、社会及文化权利国际公约》所明确规定的那样："人人有权自由参加社会的文化生活，享受艺术，并分享科学进步及其产生的福利。"可见，强调空间艺术的权利，肯定和保护每个人对这种权利的分享，是历史发展不可阻挡的趋势。

公共性问题对公共艺术的重要性还表现在，它通过对空间权利的诉求，将制度建设的问题推向了前台。空间文化的权利是建立在公共领域之上的，也是建立在相互理解和交流基础上的，因此，如果让民众的个人权利能够在现实中得以实现，就必须完善社会的公共空间的机制，加强制度建设，使每个社会个体的空间权利的实现有着制度层面上的保障。就当前中国的公共艺术而言，我们可以对它的现状挑出很多毛病，指出很多问题，但是最关键的是制度建设，如何由人治转向法制，由拍脑袋走向程序化，由随意性的行为变成制度化的行为，这是当前解决中国公共艺术问题的关键。

公共性的提出，在促使公共空间的权利秩序发生变化的同时，也将同时唤醒公众对公共空间的参与意识，提升公众公共艺术的素养。中国是一个没有公共艺术传统的国家，我们以为，中国公共艺术的发展最困难的并不是创作能力，也不是创作经费，而是全民的公共艺术的观念和素质。公众的参与热情和参与水平，决定了公共艺术的实现程度和成熟程度。因此，在中国，公共性的问题有它的双向性，一方面它表现为对公众权利的尊重和为公众权利的实现，另一方面，它又是提高公众自身素质，普及公众文化艺术水平的一个重要手段，公共艺术在中国实现的过程也是对中国公众启蒙的过程。

公共性的诉求还表现在公众在对公共艺术参与的过程中，调整与艺术家的相互关系。公众和艺术家之间在公共艺术上应该是以交往为基础的互动过程，即相互之间进行良性的交流、沟通、选择和影响。这种互动的主体是平行的，公众的意志和看法可能修改甚至推翻艺术家的构思和设想。互动是公共艺术的延伸，也是公共艺术的组成部分。观众对作品的接受程度和反馈意见，将是检验公共艺术是否成功的一个重要指标。

公共性诉求的意义还表现在，公共艺术的结果是开放的，它的检验方式是在互动中完成的，公共艺术不同于一般的物质产品，在进入消费以前就可以评定出好坏优劣。公共艺术与一般的精神产品在评判上也有区别，以传统绘画为例，一个画家过去的名气，作品的技术指标，批评家介入的程度都会对作品评价产生重要的影响。而公共艺术不同，它成功与否的结论是开放的，作品的公共性的实现与否才是作品的价值能否实现的依据，只有在公共性的框架中，在社会的互动过程中，公共艺术作品的价值才能最后完成。

还需要特别指出的是，公共性还是区别公共艺术与城市雕塑的一个重要标准。城市雕塑和公共艺术这两个概念既不是并行的关系，也不是从属的关系，二者只是存在着某种交叉，也就是说，有的城市雕塑因为它们具备了公共性，同时也可以称作是公共艺术。而公共艺术是一个内涵和表现形式更加宽泛的概念，城市雕塑对于公共艺术而言，只是它众多的可能方式中的一种，即公共艺术可以借助城市雕塑的方式实现它的公共性。

综上所述，我们是否可以得出这样的结论：公共艺术不是一种艺术样式，事实上，公共艺术可以采用丰富的艺术形式来实现，如建筑、雕塑、绘画、摄影、书法、水体、园林景观小品、公共设施等；它还可以是地景艺术、装置艺术、影像艺术、高科技艺术、行为艺术、表演艺术等；对于公共艺术来说，重要的不是表现形式，而是价值观。针对当代中国的具体情景，我们认为，公共艺术是促使存在于公共空间的诸多艺术方式能够在当代文化的意义上与社会公众发生关系的一种观念方式，它是体现公共空间民主、开放、交流、共享的一种精神和态度。

二

公共艺术的另一个核心观念是社会学的转型。

目前，人们对公共艺术的理解大多是从艺术学的角度入手的，即将公共艺术看成是一种美化环境、装饰空间的一种艺术，人们关于公共艺术的理解以及实现公共艺术的手段、方法都是艺术学的。我们认为，公共艺术作为一种当代艺术的方式，它的观念和方法首先是社会学的，其次才是艺术学的，公共艺术与一般城市雕塑、环境艺术、景观艺术相比，在观念上必须完成由艺术学向社会学的转型。

关于艺术的社会学，我们曾经有过关于“庸俗社会学”的深刻记忆，那个时候，艺术是政治的传声筒，是意识形态的宣传和图解。从20世纪70年代末期开始，中国艺术努力摆脱“庸俗社会学”，让艺术由“工具”向“审美”转化。

社会学一旦“庸俗”了是可怕的，但艺术的社会学立场和方法却没有什么不对。问题是，出于对“庸俗社会学”的嫌恶，结果矫枉过正，艺术社会学也被打入冷宫。与艺术社会学的立场相对应的是“艺术本体论”的立场，这是中国艺术界在20世纪80年代的主流立场。它强调艺术和艺术家的本体地位，强调审美，强调艺术的自身规律、强调艺术语言、形式和表达方式，强调艺术家的精英主义地位。它甚至认为，艺术就是艺术，它可以摆脱社会、历史、意义而独立存在。这种艺术本体论的立场，正是我们今天从事许多空间艺术，例如城市雕塑的艺术家的基本立场。

值得思考的是，当中国在20世纪80年代告别艺术社会学的时候，西方的当代艺术却高扬艺术社会学的旗帜。西方当代艺术从20世纪六七十年代开始背离现代主义的形式主义立场，由艺术本体论向社会学靠拢，西方当代艺术不管具有怎样的口号、怎样的方式、怎样的形态，其基本的倾向表现出对现实社会的政治、经济和文化问题的全面介入，正如有理论家概括的那样，它的重要的特征是：“艺术的政治化、社会化、生活化。”

就公共艺术而言，作为当代艺术的概念，它的重要的理论资源就是来自社会学。美国在1965年成立“国家艺术基金会”，它的宗旨之一就是“向美国民众普及艺术”。与此同时，美国当代艺术面向人民大众的另一个办法是“艺术百分比”计划，即通过立法，规定任何建筑项目1%的投资必须用于雕塑或环境艺术。西方世界其他发达国家的情况也大致如此。美国理论家拉什在《后现代主义：一种社会学的阐释》一文中指出，“自恰性”的现代主义运动造成的是不同艺术领域的独立和分化，而建立在后现代主义思想基础上的当代艺术的结构特征是消除差异。我以为，消除差异以后的西方当代艺术仍然有它共同的基础，这就是艺术社会学。

作为当代艺术的公共艺术，它的社会学特征明显地表现在，公共艺术必须向社会的公众靠拢，向公众所关心的社会问题靠拢。公共艺术只有体现了对社会的人文关怀，才是在当代社会中一种可能的、有效式的方式。我们有许多人总是抱怨公众的素质低，认为他们的文化修养差，不能理解当代艺术，可是，我们有没有想过，当我们在城市的公共空间设置艺术品的时候有多少人想到普通公众的体验和感受呢？在公共艺术领域，社会价值比艺术价值更重要，共性比个性更重要，公众的看法比专家的意见更重要。

据媒体报道，有中国奶牛之乡美誉的北方某市，这几年大搞形象工程，忙着建牛街、筑牛门，耗费了大量的资金。该城市的市标是9头铜牛和21米高的双翼，还有299头石牛、9999块牛图案砖。据说这些项目正在申请吉尼斯世界纪录。相比之下，该市养牛户的收入却在下降，拖欠严重。这样的所谓城市雕塑能够称得上公共艺术吗？它们与老百姓的要求和愿望究竟有什么关系呢？

公共艺术的社会学转型表现在艺术家方面则是：告别精英主义，向公共知识分子的立场转变。

在城市公共空间的事务中，我们所听到的主流的声音是：城市公共空间的艺术规划和艺术品的设置是专家的事情，城市雕塑的成败关键在于是不是尊重了专家的意见。可以说，城市空间艺术的精英主义的性质异常浓厚。艺术家与广大公众总是处在一种教化和被教化的关系中，艺术家对自己的专家身份非常在意，他们以为，艺术是他们天然所拥有的对公众进行教化的权利，好的艺术是他们个人天才的产物，而什么是好的艺术的标准就捏在他们手上。他们永远只是单方面地希望公众靠拢他们、仰望他们、弄懂他们，而很少考虑如何为公众服务，主动为公众做些什么。

英国雕塑家安东尼·葛姆雷在中国成功地实施了“亚洲土地”雕塑巡展的计划。2003年1月18日至22日，来自广州东北部花都地区的近400名不同年龄段的市民，在艺术家的指导下，花了5天的时间，用了120多吨黏土，制作了近20万个手掌大的小泥人。小泥人成形后，送到一个当地的砖厂烤干，于2003年3月22日正式展出。葛姆雷并不是科班出身的艺术家，他从来没有上过艺术学校，他说：“我并不认同某些人才是艺术家的观点。我认为每个人都能够成为艺术家。另一种倾向是当一些人认定某些人才是艺术家的时候，他就会把自己作为艺术家的责任感卸掉了，而把发现一个世界、表达一个世界的责任放在他认为的艺术家身上了。”

安东尼·葛姆雷在中国的艺术活动我以为就是一次典型的公共艺术活动。

公共艺术的社会学转型还表现在公共艺术需要形成以社会学为基础的方法论。

多年来，我们在公共空间的艺术方面缺乏明确的方法论意识和手段，很多时候它是在自说自话，或者自娱自乐。很多时候，艺术家和批评家觉得自己是在为社会、为公众创造艺术精品，可是，他们的这种努力究竟收到了多大的社会效果，有多少人认同他们的想法？没人知道，也没有足够的方法让他们知道。不少自认为是立足于中国、立足于现实的公共艺术，实际与中国社会脱节，这是艺术和艺术家的悲哀。我们曾经做过一个调查，随机在街头调查100个行人，让他们举出他们所知道的外国雕塑家和中国雕塑家的名字，结果，只有一人知道米开朗基罗，一人知道罗丹，而对中国雕塑家竟无一人知道。这种严峻的事实并不妨碍我们的艺术家将自己的艺术自认为是成功的“公共艺术”。他们做“公共艺术”的基本方法就是个人埋头接受委托，或者参加投标，翻画册、找资料从中获取灵感。

公共艺术的社会学的方法贯穿在全部的创作过程中，所谓社会学方法就是实证的方法，数字化的方法，我们的设计必须有依据，必须有统计学、社会调查的结果支撑。我们对作品社会效果的评定不是拍脑袋，也需要有相应的数字的支持。这种看起来只是一种工作方法的问题，实际上改善了我们的观念，它将这些数字背后民众的声音和要求凸显出来。回想我们做过那么多的“公共艺术”，我们对它们的实际效果做过多少社会学的量化统计和实证的研究呢？这些艺术有多少是真正对社会、对公众产生了广泛影响呢？如果我们一味地埋怨公众的艺术水平低，而不考虑我们的公共艺术在方式和手段上如何最大限度地保持与社会及公众的靠近，那么，我们的公共艺术是没有前途的。

三

公共艺术的第三个核心观念是地域和场所的针对性。

公共艺术没有通用版，也没有普适性，它不可能“放之四海而皆准”。公共艺术只能针对具体的空间，具体的城市，特定的地域，特定的场所。

作为公共艺术的城市建筑及城市雕塑等艺术必须与这个特定的地域和场所相匹配，必须和整个城市整体水平协调生长。具体地说，公共艺术只有与一个城市的政治、经济和文化发展的整体水平相协调一致的时候，它才是适宜的。

公共艺术的概念在中国为什么不是在20世纪80年代，也不是更早的时候，而是在这个时候提出来呢？这恰好说明，它与这个时期的中国经济、政治、文化的发展和要求是相匹配的。就一个城市或一个地区而言，公共艺术发展的水准和状态总是与这个城市或这个地区的经济、政治及文化的大背景密切相关。

公共艺术的创作总是针对特定地域和场所的社会所关注的问题。在当今世界，尽管人类面临许多共同的问题，但是这些问题具体呈现在特定民族、国家和地区的时候，也就是呈现在具体的地域和场所中的时候，又有千差万别的特点。例如环境保护问题，这是一个国际性的问题，做环保的作品也是一种很时髦的题材，但是中国的环境保护问题比起发达国家的环保问题要复杂得多，也困难得多。因为在强调可持续发展的时候，中国仍然还有相当的贫困人口在温饱线以下；当人的吃饭问题和环境、生态保护发生矛盾，而我们又没有足够的经济力量来解决的时候，怎么办？这些就不是空喊环保口号就能解决的，我们只有深入到中国问题的深处，才能发现中国问题的特殊性。因此在中国做关于环保的公共艺术作品如果简单地跟在外国人后面喊口号，希望与他们获得一致是没有多少意义的。对于我们，有意义的是，你如何把中国问题的特殊性做出来。

现在，人们出国的机会多了，人们拿国外的公共空间和国内的公共空间相比，发现了它们在艺术数量和质量上的距离，于是，在“公共艺术”的旗帜下，出现了“雕塑大跃进”、“广场大跃进”、“绿化大跃进”等现象。为什么有些城市的领导会很着急呢？因为他们是有参照的，这种参照背景是国外，于是，他们违背了公共艺术必须与地域、场所的具体情况相匹配的特征，有的城市在经济状况并不景气的情况下，打肿脸充胖子，花了很多钱来做所谓的公共艺术活动，搞大赛、搞展览、搞雕塑公园，而实际效果未必能很快缩短与国外的距离。

还有大量的中国城市忙着搞欧风一条街，搞异域风情小镇，这样是不是就能提高公共艺术的水平呢？这样干同样犯了忽视地域和场所针对性的错误。中国不是欧洲，不说我们经济上不允许，就是有了钱，拷贝出一个欧式小镇又有什么意义呢？它和中国有什么联系？

我的理解是，公共艺术是一个地方发展到一定水平以后水到渠成的事情，国外的公共艺术也不是一天两天突击出来的，而是慢慢生长出来的。发达国家建一座城市雕塑也是反复论证，反复考量的。在建设经费上，它们有基金会制度，有艺术的百分比计划，有一套完整的作品选拔和评审机制。我们倒好，从来不认真考虑制度的建设，总是心血来潮，一拍脑袋就干起来，换了个领导又变了主意。据我所知，有的城市在没有经济保障的前提下，就开始征集方案了，真正做起来时，在经费上总是捉襟见肘，惨淡经营，设计费尽量减省，制作费尽量压缩，加之时间催得又急，这样的艺术质量能好吗？

以城市雕塑为例，我们有些人总是眼红发达国家的城市雕塑。但是我们不能忘了，中国是没有城市雕塑传统的，现在中国遗留下来一些户外雕塑是作为宗教艺术和建筑装饰存在的，还不是城市雕塑的概念。我国的一些城市要建城市雕塑的时候，忽略了这个问题，像饿了吃馍一样，我们总想只吃最后一口，一夜之间形成城市雕塑国际化的面貌，这不现实。城市雕塑不是唱卡拉OK，这一段丢了就算了，接着下一段唱，传统很重要，它是一个时间过程，是许多代人累积渐进的产物。也就是说，“一天建不成一个罗马城”，而传统随着时间在不断地进行判断、选择和调整，当我们面对发达国家的城市雕塑的时候，并不只是这些作品本身在说话，它是和背后几千年的传统一起在说话。单独的雕塑是没有力量的，当它和传统联系在一起，和城市的总体氛围联系在一起的时候，它就有力量了。一个在国外很出色的雕塑，如果将它原样搬到中国来，并不能保证它一定在中国的“场所”中成功，它总是给人感觉有点不太像，没有在原生地那样有力量，其基本原因就在这里。国外的城市雕塑记录了城市的历史，它成为城市的故事，成为和这个城市息息相关的组成部分，这也就是形成了特定的地域和场所的特定魅力，忘掉这一点，只是想在外表形式上和数量上模仿国外，甚至想迅速超过国外是很难的。

布鲁塞尔《撒尿的男孩》实在是小得不起眼的雕塑，如果没有导游的指引，一个外来人要找到它真的很困难，但是，如果没有看到它，就好像没有到布鲁塞尔。这是因为这件雕塑技巧和造型多么优秀出色吗？不，这不是第一位的原因，第一位的原因在于这个雕塑背后关于这个小孩子的故事。罗马城的标志是一匹母狼，是因为这匹狼雕塑的高超才使它如此出名吗？也不是，第一位的原因是它所承载的一个古老的传说，关于这个城市来历的传说。有许多雕塑换了一个场所，换了一个空间，也许它根本不会生效，这就是城市雕塑所具有的“南橘北枳”的特点。一个国外的雕塑大师在国外能创作出优秀的作品，并不能保证能为中国创作出必定成功的作品。

公共艺术强调地域和场所的针对性，给我们带来的启示是，就公共艺术而言，使公共艺术作品与特定地域和场所形成对话关系的是时间。因此我们可以说，公共艺术成功与否，还在于它是时间的产物，它的成败是由时间来决定的，公共艺术通过在特定空间与城市的不断对话，与城市居民的不断对话，慢慢具有了它的魅力。所以，公共艺术不仅是艺术家创造出来的，更是时间创造出来的，它的意义也是被时间不断赋予的。

孤立地看公共艺术作品好不好，是很难说的，唯一的办法是，把它放在具体的地域和场所中来看，在公共艺术的实践中，一件作品，刚开始也许并不觉得怎么样，到后来慢慢越看越顺眼了，以至于最后离不开它的例子太多了。由于时间的因素，许多公共艺术作品成了不可替代的城市象征物。例如深圳的《孺子牛》，它最重要的意义并不在于这个牛塑得如何好看，它首先不是个技术的问题，而是与这个城市精神的关系问题，它在与这个城市的对话中，时间赋予了它越来越丰富的东西，这个城市接受了它，使它成为这个城市无法取代的东西。我们很难想象在深圳市政府门口，可以拿什么其他的作品替代它。再如，如果没有专门介绍，当人们一下子看到新加坡的标志《鱼尾狮》，可能会略略感到失望，这就是新加坡大名鼎鼎的象征物吗？但这是历史，这件雕塑经历了时间，在时间的过程中，它承载了广大社会公众的趣味和心理，获得了这个国家广泛的认同。

强调地域、场所和时间，实际也是强调公共艺术的社会学的立场，公共艺术面对广泛的社会人群，它好不好，人们喜不喜欢，不完全是艺术家所能够决定的事，最关键的是公共艺术作品与这个城市机缘，如果认为审美就能解决公共艺术的问题，如果认为仅凭艺术家的天才就能征服人心，那未免太天真了。“有意栽花花不发，无心插柳柳成荫”的事情，在公共艺术的实践中并不少见。所以，公共艺术不能速生，不能突击，不能一相情愿，不能“强买强卖”；有时候我们播下的是龙种，收获的可能是跳蚤。正是地域、场所和时间等许多不确定的因素，使公共艺术成为一件有难度的工作，同时也是公共艺术的魅力所在。也正是这样，在当代条件下，从地域和场所的角度重新认识公共艺术的某些规律才显得必要。

公共艺术学科的发展与策略

○ 景育民

天津美术学院教授,中国雕塑专业委员会副会长。

内容摘要:

20世纪90年代以来，中国当代公共艺术在城市经济、文化建设的不断推动下，呈现出迅速发展的态势。社会对公共艺术的强烈需求，呼唤与之相适应的公共艺术教育与学科的建立。我国公共艺术学科教育正处于初级阶段，实践与理论都需要在不断的探索中相互推进。本文以公共艺术教育者的眼光，首先对我国当代公共艺术学科建立的背景与发展的动力进行把握，阐明学科建设的重要意义，客观分析现阶段所面临的具体问题，进而对公共艺术学科的生存策略与未来发展进行探讨。希望通过多年实践中的经验性总结，为现阶段的公共艺术学科发展提出一些可行性建议。

关键词: 公共艺术　公共艺术学科　中国当代公共艺术教育

一、学科建立的原动力

公共艺术的概念以及当代艺术公共性在中国的唤醒是从20世纪80年代开始，一大批有识之士为中国当代公共艺术理念的形成及公共艺术文化的建设逐步理性发展做出了一系列卓有成效的工作，从而使公共艺术从概念的提出到逐步形成学术界的相对共识，直至影响到社会的各个层面，融入大众生活之中，并成为城市文化的组成部分，在中国特定的政治文化背景下应该说是历史的进步。因此不能不提到孙振华、马钦忠、殷双喜、翁剑青等一大批学者和艺术家所作出的开拓性的巨大贡献。当公共意识在全社会逐步确立，公共艺术成为公众生活的必需时，大众对于公共艺术的认识，也从早期的模糊概念发展到现在的广泛认同，进而逐步产生了在城市建设中对公共艺术的呼唤与需求，促进了公共艺术的发展。当代中国社会国民经济的迅速发展促进了城市功能的不断完善。城市经济对文化的辐射与带动，呼唤与之相适应的公共艺术的产生，以使城市文化形态趋于平衡与和谐。城市文化形象的建立与整体文化空间的营造表现为公共艺术需求的急速增长，也促使公共艺术教育与人才的培养成为社会的急需，人才的短缺状况成为普及公共艺术观念、促进城市文化建设发展的瓶颈。百年大计，教育为本。社会的大量需求与迅速提升的公众对公共艺术的审美需求，促进了公共艺术的学科研究，培养大批公共艺术领域的专业人才，已经成为当务之急。

同时，当前教育社会化转型与教育重点的转移，也是当代公共艺术学科快速建立，形成规模的重要原因。全国几十所学校相继建成公共艺术院系，构成教学与科研的机构与平台，并且由于政府、院校、学者、艺术家及教育家和社会各界的努力，新生的中国公共艺术教学体系在为中国的城市文化发展，发挥着或将要发挥着重要的作用。许多公共艺术院系的教学与科研成果，直接服务于社会并成为院系学科的重要构成，如中央美术学院城市设计学院、中国美术学院公共艺术学院等院系的建立，显示了公共艺术学科的重要性，以全新的视野与知识来构建21世纪的前沿学科体系。相比之下，其他传统美术科目一直延续了半个世纪，仍然是原有建制，而现有公共艺术学科也面临许多现实问题。有些院校公共艺术学科的设置，多是由于自我生存之考虑，有的是在原有专业基础上的易帜，造成这种状况有其复杂的社会原因。当前教育在商业化模式下的扩大招生，以及就业压力与师资安置之间的矛盾，新的科系的设立就成为缓解多方矛盾的权宜之计。这种情况下建立的公共艺术学科并不仅仅是为了填补学科空白，而是成为一种市场的变通方式，也是促进公共艺术学科迅速建立的原动力之一。

由此可见，重视发展公共艺术教育是社会经济发展与人民大众公共意识觉醒和不断提升的需求，源源不断的专业人才的涌现将推进公共艺术及学科的可持续发展。同时我们也面临着方方面面的问题。因此，面对现状我们必须进行理性的梳理与思考，评价我们迅速走过的路程，从中总结整合出具有中国本土化特征，又具有普遍意义、兼顾特色、侧重学科重点，且获得广泛认同的教育模式，成为我们当下公共艺术教育急待解决的问题，已经迫在眉睫。分析我国公共艺术的发展现状，从概念的论证与认同到公共性意识的建立，再到建立学科培养人才，这短短20年说明中国公共艺术事业发展开始渐入佳境。我们这一代艺术教育者所要解决的问题是在培养人才的同时完成合理的学科创建，后者比前者的工作更具体且艰辛。

二、学科建设的重要意义及面临的问题

公共艺术的发展为艺术与大众之间架构了一座桥梁，为公共艺术事业的发展开辟了广阔的前景，也为未来人才与从业人员提供了机遇与舞台。同时，学院教育作为中国体制教育的传统模式，具有得天独厚的话语与权威地位。因此以学院学科教学方式培养公共艺术人才是中国公共艺术未来持续发展的重要途径，而沿此途径搭建的学术研究及人才培养平台理所当然地担当起公共艺术研究与教学的重任。尽管西方国家公共艺术事业发展成熟，但教育模式及规模与我们大相径庭，体制、历史及文化状态等诸多因素，是产生差别的原因。

学科的建立并不意味着我们没有问题。我国公共艺术学科教育体系的产生除了以上因由外，还由于发展时间较短、自身发展处于探索阶段，必然需要正视一些问题：

1.学科设置缺乏完整系统。众多院校学科设置还处于初级摸索阶段，较多院系从各自不同专业角度出发，对公共艺术学科各方面的教学研究缺乏经验，在各自偏重的专业领域进行单一的学科延伸，如建筑、雕塑、环境艺术、园林设计、壁画、装饰等；而作为公共艺术学科的完整知识建构所涉及的公共文化领域、交叉学科知识，如社会学、人类学、政治学、哲学、心理学、材料学等多向度、多层次的知识学养的科目设置，还处于初级阶段。

2.师资队伍知识结构需要自我提升。我们的师资队伍从各自的专业出发，一方面有专业特长，但同时又凸显出公共艺术教学所需要的知识量的不足；半路出家、边干边学，自我修养的提高与否也会体现在教学质量上。

3.教学科目与体系的合理配置还在探索中，教学理论资料远不能满足学生的学习需要。王中教授编著的《公共艺术概论》，是迄今为止比较规范的教学参考书。遗憾的是，相关的教学参考书仍显太少，特别是科目深化的参考书显得更少。

4.公共艺术的疆域在学术界处于研究状态，有些问题还在探讨之中，而教学需要明确性的概念归类，学术科研成果转型于教学还需要时日。

除以上几点，在当代公共艺术的具体教学实践中，如何解决公共艺术创作与大众审美之间的矛盾问题，也是我们所必须面对的现实。作为学院教育模式下成为公共艺术创作主体的艺术家，在处理艺术与大众之间的关系上，时常陷入两种误区。第一种误区是在公共艺术创作中只关注公共艺术的艺术价值，站在纯艺术的角度对公共艺术进行创作与评断，单纯追求作品的学术高度及实验性层面的探索。体现在对当代公共艺术创作语言的把握上，片面注重后现代艺术形而上的概念及观念特征，对以往城市艺术作品采取全盘否定的态度。这种观点无疑忽视了公共艺术作为大众艺术的通俗化和大众化的特征，过分强调艺术家的个人审美，从而产生与大众的文化隔阂。这种艺术创作的单向度思维，必然造成主观与客观的对立，不利于公共艺术的多元化发展。一些年轻学子对于知识的接受，往往停留在单一层面上，大多只是热衷于实验性和前沿性的艺术概念探索，同时也容易构成短期的从众心理，忽略与社会和平民文化的联系，从而失去了公共艺术所承载的文化和精神内涵，陷入了空泛的概念创作之中。第二种误区是一味迎合大众中部分人低俗的审美需求，将公共艺术创作的落脚点定位在“商品化”的价值取向，盲目迎合市场的需求而忽略了艺术品味。这种文化妥协的态度，导致公共艺术的庸俗化和概念化，使公共艺术演变为世俗文化，脱离了当代都市文化的审美诉求，造成文化发展失衡现象，同时也违背了艺术家所应承担的社会责任。我们曾经生产出的众多“城市垃圾”，便属于此类。因此我们应该努力使学生明确，公共艺术是公众性的文化研究学科，终极目标是为社会大众服务。公共艺术本身必须具有广泛的包容性，必然产生与社会的互动关系。公共艺术创作必须与地域特色、人文精神和历史文化等众多因素联姻，放置到具体的社会情境中进行检验。学科教育应该是对学生创作观念与实践的可能性的综合培养，公共艺术是一个面对社会的艺术学科，对艺术性与社会性有着双重标准。一方面，当代公共艺术创作的教学必须要体现学术高度，在创作思路上要进行语言形式的多方面实验性探索，与当代的观念、材料和环境相互结合。另一方面，学科教学也决不能忽略与社会实践的接轨，只停留在学院派“阳春白雪”的艺术教育上，成为精英文化的翻版。因此应提倡兼顾结合的原则：既要兼顾公共艺术的艺术性标准，将其作为一门艺术学科进行研究与实践；又要兼顾大众对艺术的接受程度，使艺术能够最大限度的面向大众。两者结合，就是要把艺术的高端审美与大众的低端审美相结合，将艺术的实验性探索与社会的应用性相结合。必须两条路线兼顾，即实验性公共艺术作品的创作与城市通俗化的大众景观公共艺术创作的结合。前者具有学术探索的意义，后者可将前者的学术成果转型于社会。学者翁剑青所讲中国社会“前现代”和“后现代”并存的文化现象，也是在教育中的理论借鉴，实际上我们在创作公共艺术作品中自觉或不自觉地都面临且处理着类似的问题。中央美术学院城市设计学院的“江苏盐城公共艺术规划实践”与“北京民族大道”等项目的成功实践，给学生们提供了广阔的实践空间。中国美院公共艺术学院的城市雕塑、城市空间构成、公共艺术管理三个板块的设置就相对合理。

目前，国内高校的公共艺术教学实践模式开始逐步走向多样与成熟，开始注重与社会实践的接轨。将社会实践植入教学的重要课程当中，通过虚拟空间与社会实践的结合，给学生营造真实的创作环境，在实际操练中一方面检验与调整创意的可行性，另一方面积累经验。没有互动，怎能融入社会？因此，社会能力的培养，也是学科教育的重中之重。一个好的创意，没有在博弈中被社会接纳，就只能胎死腹中，伟大的思想与创意便失去了它的意义。从社会意义来讲，我们培养的人才要成为社会的栋梁；从生存现实来讲，我们要锻炼学生的社会生存能力，这也是人文精神的体现。我们其他艺术门类与社会的互动关系远不如公共艺术直接。社会实践能够使学生亲自体会到公共艺术创作与众多实践中复杂问题的关系，这种互动是艺术的公共性所倡导的学术态度，促使艺术创作思维方式的完善与成熟，为将来走出校门迅速与社会接轨打下基础，因此公共艺术的学科教育应担当起从实践中建立完整和系统的创作理念。

三、学科的生存策略与发展

通过对公共艺术学科中问题的分析，引发了我们对学科发展与生存策略的思考。

首先，我们要充分认识公共艺术存在与发展的社会环境。公共艺术在中国的建设与发展，必定要以政府的发展方向为导向，这也是中国当代公共艺术存在的重要社会特征。政策的推动对公共艺术的影响尤为重要，但普遍存在着政策的不连续性与波动性。城市公共艺术建设是需要兼顾多方因素的、统一规划的、社会功能性的艺术。完善、和谐的公共艺术空间，离不开稳定持久的政策支持。由于政策的中断与变更（比如领导的更换），所导致的公共艺术环境缺乏系统性规划和长远发展机制，许多作品只是小范围、孤立化的设计，而无法形成具有完整性的文化空间，时常呈现杂乱无序的状态。要兼顾公共艺术的自主性与民主化特征，就要抵制文化的官僚主义，只有如此才能确保公共艺术“质”的发展。由此可见，如何把握政治对公共艺术的影响，如何在特定的社会环境中求发展，是中国当代公共艺术发展必须正视的问题。在处理两者关系上，我比较赞同孙振华博士提出的“博弈的公共艺术”的观点，既有坚持，也有妥协，实际上是智慧，在中国的现实情况中开辟一条公共艺术发展的可行性之路。新中国成立以来，我国的公共艺术作为主流文化形象的代表，主要是以政治与社会的时代精神为创作主题，但是随着当代社会多元化和多样化文化在人们生活中的介入，大众对于由政治主导的反映时代精神符号的公共艺术作品，特别是带有庸俗官僚主义审美倾向的作品已感觉到厌倦。这些作品已经不能符合大众的审美诉求，因此一些体现趣味性的、大众化的和时代感的新形式的公共艺术作品开始在公共环境中出现。但是新旧现象的更替并不是一个转瞬即逝的过程，盲目的排斥早已形成，并且在人们生活中长期存在的审美模式必然会导致文化过渡中出现断层。而且此类体现政治时代特征的作品不可能马上退出历史的舞台，尤其是在当代社会政治形态与主流文化的环境下，其中那些具有进步意义的弘扬精神文明与地域文化的好作品，还具有其存在的社会价值，有的堪称为历史文化经典。所以，我们要锻炼学生的判断力，培养学生从经典的传统样式或具有生命力与精神高度的作品中剥离出积极因素，要以公正的态度对待历史，帮助学生去分析、判断．引导，不能因噎废食，否则便违反了公共艺术的包容性，从一个极端走向另一个极端，这都是不可取的。因此，我们既要坚持当代公共艺术的自主发展与实验创新，又要认清社会的实际现状，在“坚持”与“策略”中最大限度地发挥艺术的自主和能动性。作为教师，应将我们的理解传导在教学中。

另外，对公共艺术创作理念方面的教学，本人也有几点建议：首先是对文化的关怀。要立足本民族的文化情境，结合时代特征，对以往的城市文化形态进行冷静的分析，清空错误概念，对城市文脉进行梳理，认真体会城市情感与精神；理清公共艺术发展的脉络，并且对以往成功的经典样式进行总结与归纳，在此基础上积极开拓思路，进行具有文化个性的艺术语言的实践性探索，力求多层次创新。其次还要体现对社会的关怀，这表现在对社会问题的关注上。当代公共艺术应当关注各种社会问题，比如生态问题、种族问题、性别问题等等，通过对社会问题的广泛关注来体现出公共艺术的社会性功能。2007年在东北长白山地区创建的“中国长白山公共艺术国际创作营”，就是从长白山地区的生态环境与地域文化入手，着眼于当地的生态问题和资源问题等等，从而唤起人们对地球家园生态、文化及与人类之间关系的重新审视，充分体现了公共艺术学科与社会结合的理念。东北师大大批在校生参与到公共艺术创作营的活动中，耳濡目染与亲自参与所产生的学习效应远远超过课堂所学。他们从公共艺术大展场的创作实践所引发的思考与经验中获得的巨大收益，对他们的成长之路有深刻的影响。

当代公共艺术是一个多元化的综合学科，与社会、经济、政治、时代、民族文化等众多问题相互关联，是艺术向大众传播的一个重要途径，是人类社会发展中对人性关怀的体现。公共艺术学科教育，一定要坚持在立足本土的同时，面向世界、面向时代、面向未来，强调综合素质的培养。

公共艺术的历史观

——广东地域公共艺术研究

○林 蓝

广州美术学院设计学院副院长，装饰艺术设计系主任、副教授、硕士生导师。广东省青年美术家协会副主席、广州美术家协会常务理事。

内容摘要：

本文以广东地域为例，纵观溯源，从公共艺术的角度考察广东历史，通过对广东地域公共艺术的历史梳理，通过探讨广东地域文化艺术与其他地域文化艺术、中原文化艺术、海外文化艺术的融合关系，通过探讨古代广东地域艺术遗存、近代广东地域公共艺术萌芽、现代广东地域公共艺术发展，通过探讨经济、政治、科技、宗教、思想、民俗等广东地域自然社会环境各部类的变迁对广东地域公共艺术源起、萌芽、发展的影响，通过探讨不同历史时期广东地域公共艺术与地域实用艺术、纯艺术之间的互动作用，总结由之而形成的广东地域公共艺术个性的本质特征，提出未来广东地域公共艺术方位，并由点及面，填补了中国公共艺术源流发展系统理论研究的空白，完善与丰富了中国现代公共艺术概念、定位及机制理论研究系统。

关键词： 公共艺术　历史观　地域

蔡元培早在《以美育代宗教》一文中已提到“园林的点缀”、“公墓的经营”、“市乡的布置”等美化对于民众的教化作用，实则是公共艺术在社会系统中的重要性。

一

在概念上，公共艺术主要发生于近现代城市公众自由进出的公共开放领域，是由公共资金支付的为公众服务，具有公共精神的实用艺术，大众性是其显著特征。公共艺术有狭义与广义之分：狭义的公共艺术是指现在绝大多数公众常识中的公共艺术，指存在于实形公共空间中静态的硬体艺术，如陆地、山林、水域等公有场域中的艺术性构筑、装置、雕塑、绘画等，也是本文的讨论范围。广义的公共艺术包括存在于实形公共空间中动态的硬体艺术，如行为艺术、表演等，以及存在于虚形公共空间中的软体艺术，如公众有权自由接收的频道传送、网络信息、卫星数据等公有场域中的复合媒体艺术等。广义的公共艺术范围将随着政治的开明、经济的繁荣、科技的进步、公众意识的渐次开放而不断拓宽和多元化。

作为一个有着复杂的源起与发展的实用文化体系，公共艺术是由多种多样的因素长期作用形成的。古代实用艺术是公共艺术的源，传统手工工艺与近现代工程技术是公共艺术的技术基础，公共艺术的艺术表现所达到的层面决定着公共艺术的精神高度，其他实用艺术和纯艺术则与之有着影响互动的关系。公共艺术要求集体的体验，公共艺术与非公共艺术的区别，在于它所服务、所面对的是当下社会大多数公众。因此，它不可能独立于社会大系统之外而存在，而是受制于地域区位环境等自然诸因素，受制于地域的政治、经济、宗教、科技、思想、民俗等社会诸因素，它反过来又对社会有着影响作用，是其中一个特殊的与之互动的子系统。不同地域，不同的技术与艺术内部因素，不同的自然与社会环境外部因素，相互渗透，相互结合，影响并形成了公共艺术的丰富面貌。

二

在源流发展上，古代实用艺术是公共艺术的源，担负着具体社会实用功能的实用艺术从来都是地域自然与社会环境的互动产物，实用艺术从最早的单纯为生存到为宗教到为极少数皇权贵族服务，发展到为商业目的而生产，为大多数平民所享用，如近现代城市公共艺术，代表了人类文明的进步。

在原始时代，生产力极度低下的原始社会的人工制品，其最初的制造目的是为满足在恶劣自然环境中生存的实用需求，并由于适应当时生活生产的使用需要而生发出今日我们所看到的与审美规律暗合的艺术形式，这可能是实用艺术的最早源起。

在经历了与自然斗争的最原始阶段后，原始先民掌握了更多改造自然的方法，生活生产内容的丰富使之对实用器物提出更多的要求，实用需求内容的增加使实用艺术形式相应有着更多样的表现，而生活生产资料的争夺又使个体之间、群落之间产生出新的互相征服，人们希望通过艺术装饰和仪式所产生的富有威力的精神效果，达到己方个体和群落对未知神秘力量的获得与对敌方个体和群落的震慑，从而在生存的竞争中优胜。因此，除满足生存实用需求外，从实用艺术形式进而发展到主要为原始宗教崇拜内容服务，但仍甚少有独立的审美考虑。

生产力在不断地进步，社会物质财富日益丰裕与不均，社会形态日益发展变更，原始社会人与人、群落与群落的生存竞争演进为王朝与王朝、国与国之间的权益竞争。封建社会中政治权力作为最高社会主导力量，使之可调动一切可调动的因素来满足其统治需要，因而此期的实用艺术多为都城、宫殿、陵墓、宗教建筑等为国家最高权力阶层的统治服务的设施，它们注重工艺的精绝，注重形制的美感，注重纹样的繁复，注重技术与艺术创造力的表现，体现出豪华艺术装饰作为政治工具之一，与皇室地位的优越和皇权的神圣彰显直接关联，由此实用艺术中审美的独立价值逐步显现出了它的社会意义，而审美功能的独立性正是使实用品产生艺术价值的所在。

社会发展至下一阶段，商品经济与贸易的发展，资本主义生产关系的萌芽，使平民阶层的社会地位上升，以商业为中心的物质文化结构形成，从而确立了经济的社会主导力量地位。此期实用艺术与美术的活动及其成品不再只为少数拥有政治特权的阶层服务，而以商品的形式在经济规律的支配下自由流通，不同社会市场的商业需求促使实用艺术分类更多，分工更细，实用价值与艺术价值上的每一个砝码均可增加其市场价值，受众更多的是广大平民，平民趣味形成实用艺术与美术价值标准。

到了近代，实用艺术作为近现代公共艺术的一支，其发生发展又与其渊源于古代实用艺术的发生发展同中有异。与之不同的是，近代城市形态发育的成熟和城市公共开放区域的出现使公共艺术有了发生场地，城市平民阶层的存在使公共艺术有了服务对象，由此近代公共艺术出现了萌芽。而与之相同的是，近代公共艺术在其萌芽阶段的实用意味往往大大多于单纯的艺术表现追求，在近代最早出现的公共艺术作品中，无论是单体雕塑或构筑还是区域总体策划都多与城市建筑密切关联。

发展到现代，现代城市经济的普遍繁荣为公共艺术造就了成熟的物质基础，发达的城市物质文明要求与之相应的高质的城市精神文明，城市公共艺术作为城市文化艺术环境及市民文化艺术生活的重要组成部分，其所达到的艺术高度已成为城市文化精神象征及社会富裕与文明程度的标志之一，从而使独立的公共艺术作品增多及其独立艺术价值凸显，而科技的进步则为公共艺术提供良好的技术支持，政治的开明、城市公众意识的开放以及城市文化艺术环境的多元化，更使公共艺术作品的艺术形式风格多样。

三

以广东地域为例，溯源流下，通过研究广东地域古代、近代和现代每一时期的自然社会环境与实用艺术和纯艺术等相关表现，可以看出，公共艺术、实用艺术和纯艺术等的发展与社会形态变迁总有某种程度的暗和。古代广东的地域自然环境是特殊的，地处偏远荒蛮，北有五岭，南有海洋，封闭而独立的地理区位与恶劣的地理环境造成古代广东文化虽有其自身特点却发生发展缓慢，又因其落后而不可避免地受外来较先进文化影响，并在与外来文化的融合中使自身得以发展，广东文化因此历有开放兼容、实用变革的特点。

石器时代，广东地域原始艺术始终以生存实用为内在轴心发生与发展着，围绕其形成石器时代广东地域本根文化艺术源起的现象与特征，如马坝文化、石峡遗址等。

先秦时期，广东仍处于原始社会发展阶段，广东土著先民创造了包含有石器文化至青铜文化的南越文化艺术主体，同时融合百越文化艺术养分，形成先秦广东地域原始文化艺术的基本形态，其中与古代广东猎首食人习俗相吻的人首柱形器的发现，证实除满足生存实用需求外，此期广东实用艺术形式开始为原始宗教崇拜内容服务。

秦统一六国后，广东成为封建中央集权制国家版图的一部分，这是古代广东地域文化发展的新起点。此后秦汉、两晋南北朝、两宋三次大规模的中原人南迁，每一次都有力地推动了古代广东地区封建化进程，同时中原地区先进的政治经济思想文化的移入对广东社会的发展起到了重要的促进作用，中原汉文化艺术随着一朝又一朝的中原移民在广东广泛传播，逐步同化南越文化艺术而发展成为广东文化艺术主体。先期较落后且有着强烈的地域土著文化印记的广东器物文化因中原汉文化艺术的南播而发生根本变化，更多地体现出中原汉文化的艺术风格，其次才是地域特色。

由秦代至元代，实用艺术逐步显现出审美功能的独立价值，手工艺品种类剧增，工艺益精，手工艺产品尤其是陶瓷早于汉代开始贩往国外，随着对外贸易的兴盛，唐代时手工艺术品大量外销，宋代更是以外销为主。其中，为地域最高权力统治阶层服务的广州南越王墓出土的实用艺术品是此期最重要的一页，集中体现了汉越文化艺术的融合。

明清时期，作为广东文化主体的汉文化继续发展壮大成熟，西方文化则开始更多的传入，与广东文化相交流相碰撞，由原始时代广东地域本根文化艺术至其与百越文化艺术、中原汉文化艺术和西方文化艺术的融合，广东文化艺术不断在原有的基础上吸纳新鲜养分，至此逐步整合形成兼容多元的广东文化艺术体系原型。明清商品经济的活跃与城镇的崛起使手工业大兴，民间工艺空前发展，将广东古代历有的重手作轻文脉的实用艺术技术传统发挥到极至，分工精细，技术精巧，保存下来的工艺品数量种类繁多，其中不少为中国著名工艺品类，如肇庆端砚、广州象牙雕刻、广绣、广彩、潮州金漆木雕、潮绣、枫溪瓷雕、佛山狮头彩扎、佛山剪纸、石湾陶塑等，并在上贡与内外销过程中受其影响综合形成强烈的广东地域民间艺术风格。清代为广东古代民间工艺鼎盛期，其历有与建筑园林室内环境结合的装饰传统，使清代产生了不少有代表性的宗庙建筑、书院建筑、园林建筑等，广州陈氏书院在其中尤为突出。

到了近代，鸦片战争使广东比中国其他地域更早更全面地沦为半殖民地半封建社会，近代的广东是中国民族资本的摇篮和资产阶级维新思想的启蒙之地，继而成为资产阶级民主革命和第一次国内革命战争的策源地和根据地，近代广东地域社会环境是中西政治经济思想文化交流碰撞的产物。而西风东渐的意味也一并存在于广东近代纯艺术与公共艺术表现中，广东艺术相应地产生新国画——岭南画派，近代城市形态的成熟与市民阶层力量的壮大，更使发端于近代城市为城市平民服务的公共艺术在广东萌芽。广东地域社会环境对广东近代公共艺术有着重要影响，当民族存亡成为近代中国最迫切的问题时，广东作为近代民主革命的策源地，社会政治的需要，政府公共资金的划拨，私人尤其是广东籍华侨在经济上的支持，使一批纪念民主革命及抗日战争的纪念性公共艺术构筑得以在近代城市形态发育较成熟的广州产生。在广东近代最早出现的公共艺术作品中，无论是单体雕塑或构筑还是区域总体策划都多与城市建筑密切关联，且受建筑整体性影响，公共艺术技术与艺术形式同样表现出与广东近代城市建筑一致的西为中用的倾向,如钢筋混凝土构筑技术的普遍应用，如中西构筑符号的混合运用，如对西方传统写实雕塑手法的引进与移植，等等。

新中国成立后，社会主义公有制计划经济的实行，政府文化政策的扶持，使广东产生了一批由政府投资为政治需要服务的具有独立艺术价值的优秀大型现实主义主题性公共艺术作品。20世纪80年代的改革开放为广东地域公共艺术带来生机与活力，城市化进程的加速，市场经济的活跃，社会需求及投资渠道的多样化，使广东地域现代公共艺术发展呈现多元化的面貌。而就广东地域而言，由古至今，构成广东地域社会基本生活的始终是商贸活动，经济规律是影响广东地域社会环境进而影响现代广东地域公共艺术发展的主要因素，由之形成的现代广东地域公共艺术有着与地域自然和社会环境相吻合的平民性、商业性及现世性的个性特征。

在此基础上，未来广东地域公共艺术发展方位应立足本土，注重平民性，即平民化的审美标准及多元化的表现形式，应借鉴国内国际规范，注重城市性，即城市化的规划机制及市场化的运作机制，并使之渗透于小至城市生活局部大至城市地区乃至国家文化形象总体策划等公共艺术系统设计中，让公共艺术真正地为人民服务，为城市服务，为国家服务，让广大民众艺术地生活！

我们相信，产生于近现代城市的发展中的中国公共艺术必将在中国现代城市化进程中发挥出愈来愈重要的作用，在经历了借鉴外来先进因素的描红阶段后，中国公共艺术必将随着中国整体国力与民族自信的提高进入自运阶段，创造出新鲜活泼的真正为中国老百姓喜爱的公共艺术形式，创造出有国际高度的公共艺术中国风格与气派，创造出新时代的中国公共艺术！

当代公共艺术的审美取向及专业教育

○ 翁剑青

清华大学美术学院公共艺术研究博士，北京大学著名公共艺术评论家，北京大学艺术系教授、研究生导师。

公共艺术作为一种艺术的社会学及文化学概念，其基本功能和目的在于展现与发挥艺术在公共领域的文化及社会作用，构建社会公众的道德精神及审美文化，尤其是通过公众的参与方式及行为过程来体现不同社会群体的文化观念和情感诉求。实际上，现代公共艺术是在现代国家的宪法精神和民主政治条件之下，由社会公民参与的公共文化和艺术的实践活动，它在不同的国家和社会中也会产生不同的经历和经验。因此，对于其文化内涵、艺术经验和价值意义的认识依然处于开放和发展之中。在我们探讨公共艺术的文化属性、社会意义以及审美形态和价值体系时，所采取的视角和观念也必然是多样的和具有差异的。而我们的见解和学术态度也应该具有相应的包容性和建设性。

正如我们所知，艺术在20世纪初期以来的发展历程中，已经使得艺术的生存目的及意义跨越了纯粹的美学范畴。这种离经叛道的历程不完全源自杜尚，而经过了如库尔贝、马奈到凡高、高更及后来的毕加索、达利、沃霍尔、摩尔及波依斯等几代人的努力与实验，已经形成了现代艺术自身的文化传统。可以说，这使艺术向着更深广的领域去探寻它在现代社会中的生存价值和文化使命。这是在把艺术的美与崇高，与人的精神和思想自由等价值进行比较之后而产生的艺术情境。其中无论是“为艺术而艺术”还是 “为生活而艺术”，或是“为个人而艺术”和“为社会而艺术”，都是在具有现代性的文艺学、社会学、文化学及心理学的价值思考上所产生的现代艺术的存在理由和价值观念。因此，在我们谈论公共艺术的美学及审美价值的取向时，也必然要面对我们当下艺术的审美形态所呈现的空前多元化的时代特性。

实际上，我们从美术史及其批评史中可见，所谓艺术的美从来都不仅仅由它的外在形式所能涵盖的，而总是蕴涵和承载着不同类型和层次的人类文化及精神内涵，包含着人们不同的观念诉求与生命情感。正是艺术的哲学与生命精神以及宗教般的信念和激情所形成的力量，才使得艺术超越了纯粹的美学和一般逻辑的束缚。正如那些早已进入了博物馆或美术馆的大量的所谓“艺术”的展品，它们的文化和价值的支点从来就不仅仅落在美学及审美的范畴内。同时我们注意到，就艺术之美而言，在人类历史和艺术文化的演变中并不存在具有绝对意义的或放之四海而不变的“美”的概念或规定的形式。由于人们所拥有的文化背景、地域及民族文化特性以及个人文化经验的差异等原因，必然会影响人们对艺术的美学观念和审美态度。这也正是后现代文化语境下的美术史学在观念和方法论上更加注重艺术与文化学、社会学、考古学及实验心理学的内在关系，以及在研究方向和方法上进行变革的基本原因。

对于当代公共艺术的审美形态及审美价值而言，显然不能局限于针对艺术形式语言层面的审美，而需要对它的民主理念及公众参与精神的社会学层面上的审美；需要对它的思辨及创造性智慧的哲学层面上的审美；需要在它的现代文化建构与批判的文化学层面上的审美；还需要在它的公民自我教育以及在接受美学之实验和现象学层面上的审美；还包括在它对应当代社会利益主体多元化情形之下，体现不同的权益和情感诉求的社会心理学层面上的审美。因此说，当代公共艺术的美学内涵和审美范畴是多向度和多层次的。就当代公共艺术的社会意义和文化诉求而言，它可能是旨在对自然形态与人类社会的关系的审视；可能是旨在对一个城市的历史脉络或社区精神的守望；可能是旨在对特定社会群体的一段集体记忆和情感的追怀；可能是旨在对普通大众所共有的生存经验或审美情趣的显现；可能是旨在为市民的修养和娱乐提供艺术化的环境和载体；也可能是旨在对社会或道德问题的警示和思考。这些通过艺术形式表现的内涵和精神都可以在参与者及欣赏者之中唤起或产生不同的美的体验和美的情感。而这样的艺术体验往往是许多旨在体现所谓纯粹个人意志和情趣的艺术所不能企及和替代的。也就是说，公共艺术在体现社会群体的精神诉求及审美的价值观念方面，具有其显在而独特的美学品格和文化属性。

从历史和文化学的视野来看，中国社会形态正处于前现代、现代和后现代三种时代特性融汇和交替的历史阶段。在此阶段，旧有的以农业文化、地域性文化及封建文化为基础的乡村文化类型——与以工业文化、科技文化及非传统文化为特征的城市文化形态——并与以知识及信息文化、大众文化、后殖民文化及多元化文化为特征的当代文化形态相互交汇、并存。由于中国当代社会和文化发展的差异性、多样性和不平衡性，使得公共艺术的审美文化形态与艺术批评观念必然呈现出明显的差异性和多样性。我们有理由认为，当代公共艺术的美学内涵及其审美价值判断的支点，应该首先建立在公共艺术与公众的政治和文化之权利与义务的关系之上，以及建立在艺术的形式语言与其内在文化精神的统一性之上。在普通大众的审美过程中，对于公共艺术的形式美与其文化精神之美是不能断然分离的。艺术呈现的物质形态实际上是人的精神外化的使然，这是被中外艺术历史所证实了的。作为与公众文化及时代精神之间存在着有机关系的公共艺术，它所采用的视觉形式、题材、内容、材料、场地以及介入公共空间的行为方式，都应该与其所处的地域文化元素、自然条件及特定场所的功能达成某种协调的关系，使得艺术作品对公共空间的介入可以与观众达成某种精神或文化情感的交流，而不局限于在形式意义上的视觉美化或环境的点缀。显然，公共艺术除了可以提供视觉的审美与欣赏的功能之外，它所能呈现的城市与社会文化的肌理、人文关怀、社区精神和公民意识等，都会构成艺术审美的重要内涵，都会在从艺术的形式语言到文化寓意的多向度诉求中给观众以视觉的享受和精神的感染。公共艺术的文化核心价值，也恰恰在于通过民主的公共参与方式，使得艺术成为社会公民进行自身的文化建设、舆论交流、自我教育和审美愉悦的方式和文化载体。可以说，公共艺术以社会公众利益为本，寓教于乐，寓真于美，使艺术为大多数人服务。这在艺术的审美对象、审美内涵和审美方法上将有别于传统的博物馆艺术或少数文化精英的艺术。

我们知道，以往的经典美学及艺术理论曾经强调艺术及艺术美的特性，如认为艺术品是不同于寻常方式及凡俗事物而产生的一种特殊类型，并带有某种近似神秘的特性，如认为它具有数理上的黄金分割，或具有先验性、普遍性和永恒性，从而认为艺术的美和其中的奥妙不是普通的人可以领悟的，而只能由那些禀赋极高的人通过深度的思辨和内省才能予以明察和享受的。然而，随着时代与艺术实践和理论的发展，在关于美的概念和内涵以及关于艺术的定义和范围的确认上，都出现了新的问题乃至危机。可以说以往中外经典的（或传统的）有关美的概念、美的对象、美的“法则”及审美的范畴和方式都受到了前所未有的挑战和质疑。尤其在当今文化和价值观念多元化的时代，艺术文化的接受和审美方式及过程必然与普通大众的休闲、消费、娱乐、时尚的生活相互融合，相互适应。也恰恰是在这种似乎把艺术的“飞行高度”有所降低的情形下，社会大众才有了更多的机会和权利来接触艺术，享受艺术和评论艺术。艺术也才有了走出博物馆，走出沙龙，走出美术学院而重返社会的公共空间的机会，并且，也正是在此过程中，艺术的发展和创造力才获得了新的生命与出路。实际上，艺术在漫长的人类文化历史的遭遇中，它原本所具有的普遍的公共性（即社会性）的衰退，恰是由于后来的宗教权力、文化及政治精英权力的垄断而使其成为少数人的宠儿与玩物，也即成为他们的权力、荣耀和身份的象征与证明。其间，特别赋予艺术的所谓神圣、崇高、高雅、普遍及永恒的性质、理念及绝对价值，实际上经不住历史和现实的检验，也大都与普通大众的生存体验及精神生活相去甚远乃至互不相干。当代公共艺术的美学观念应该是建立在公众的大多数人可以接受和乐于理解的基础之上的，因为那些最能够体现和沟通大多数普通人的情感和内在需求的艺术形式及内涵，恰恰是能够与最基本和最真实的人性保持密切的关系的。大众的、通俗的或含有游戏和时尚性质的艺术，未必就会危害或降低人们的心志和情操，而所谓高雅的、精深的或难以创作的艺术，未必就能提升众人的品德和人格。当然，我们并不排斥精英的艺术或所谓前卫性的作品进入公共艺术的领地，因为，如果它们能够在个人生活经验和情感中真切而典型地呈现出公众认同的生活经验和情感的话，那么，这种极具内在的普遍性的个性艺术将会被公众所理解和接受，尽管这往往需要一些时间和过程。其实，公共艺术中最重要的不是艺术的形式或风格问题，而是在公共领域使艺术能够为更多的民众发挥其积极而有效的文化和社会作用。

本文所要探讨的另一个问题，是公共艺术纳入大学教育体系及其教育方式的合理性问题。我们注意到，21世纪以来，国内的一些高等院校相继设立了公共艺术专业或学科，其理由是适应社会和市场的需求等。但也随之产生出许多问题和困惑而影响着学院教育的发展。如感到公共艺术的学科概念和性质尚没有得到充分和统一的认识，并缺乏系统化的教材和师资队伍，也缺乏成熟的教学经验和学术交流的平台，并在一些院校中出现了本专业的学生在技能和学科方向上的缺失与迷茫。这若从新事物的发展过程和阶段性的现象来看是可以理解的，但是，真正的问题在于大学教育中是否应该或能够把公共艺术作为一个相对独立的学科或专业，以及应该如何规划公共艺术的大学本科教育。对此，我想做一点初步的和粗浅的探讨。首先，“公共艺术”起初作为一种艺术的社会学及文化学概念在现代西方的兴起，以及在社会应用中的实践上已经渐成一门显学。但我们知道，公共艺术并不是指特定的艺术风格，也不是以特指的材料或样式为载体的艺术，而它的物质化及视听化的呈现方式，可能是绘画、雕塑、建构物、多媒体艺术、城市景观及公共环境设计、户外家具设计、人工介入的自然元素及各种艺术表演行为等，不拘一格、章无定法。公共艺术可以是作为纯粹的精神性及观赏性作品，也可以是结合了某种应用功能且兼有人文及美学意味的公共设施及视觉设计作品。因此，我们很难想象在短短的四年大学本科教育中，要让一个学习公共艺术专业的学生在以上所及的艺术门类及表现方式上成为专业而全面的能手。我以为，大学若进行公共艺术专门人才的培养，应该把它作为一种艺术专业的公共选修课程，并使其系统化、综合化。尽可能使受教育者能够拥有文化哲学、社会学、政治学、历史学、管理学、生态学、城市学等相关学科的知识与视野，并密切结合相应的社会和艺术实验。具体一些来说，可以有计划地对绘画、雕塑、环境设计、景观设计、工业设计、建筑设计、平面设计等专业的中高年级学生进行公共艺术的课程教育和实践性培养。其培养的目标和方向在于使来自不同专业的学生在本专业技能的基础上训练相互之间的专业整合与协作方式和能力。在公共艺术的共同选修课程的设置上，可分为两个大的学科方面，一方面是着重于公共艺术文化和创作所要涉及的社会学、文化学、历史学、城市学、公共管理学、传播学、经济学、文化地理学及民俗学等方面的学科知识和方法论的研讨课程；另一方面是注重于公共艺术实施过程中所要涉及的技术性和实际操作性课程，如开设有关建筑学、规划学、生态学、园林学及各种材料和形态的造型艺术课程，并着重涉及公共艺术方案的前期策划、社会调查、创意制作、提案交流、项目管理、公共传播等方面的专项学习与训练。当然，这在有条件的综合性大学中可以尽量利用多学科并存的学术资源，或吸收和运用优秀的社会资源。这两个方向的课程的教授方法，可以是着重理论上的研讨，也可以是着重案例及田野方法的教学。这样就可能使有志于公共艺术的学生，不再局限于单一艺术门类的纯技术训练，而能够开拓其艺术和文化的观念，拓展其公共艺术的文化哲学思维和创造性的知识结构。另外，就是在大学的研究生阶段开设公共艺术理论、历史及艺术批评研究的专业，使得学生在完成了特定阶段的艺术基础教育之后，再进行高层次的公共艺术的专题性、学术性理论研究，以满足和开拓当代艺术和公益文化的人才需求。总之，我们在大学层次上所要培养的公共艺术的专门人才，绝不仅仅是局限于某种艺术门类及技能（尽管这也很重要）的人才，而是立足于培养具有强烈的公益文化关怀和社会意识的综合性、创造性人才。因此，在现有条件尚不具备和不成熟的情况下，在大学中广泛设立公共艺术专业的做法，必然会引起人们的质疑和担心。一些仅仅是借取了公共艺术的名称而实施的依旧是传统而单一的艺术技能教育的大学教学机构，将必然难以担负起培养当代公共艺术人才的教育职责，也难以使公共艺术及其文化的学术研究在大学中得以深入的开展。在倡导科学与求实精神以及教学资源相对匮乏的今天，这些应该引起我们的注意。我们期望在注重学科的基础理论建设和整合相关学科资源的前提下，认真办好当代中国的公共艺术专业的大学教育，为新时期中国公共艺术的稳步崛起和高水平发展而奋发努力。

公共艺术·觉醒的人文精神

——关于当代公共空间艺术的思考

○ 张燕根

广西艺术学院设计学院副教授，公共艺术教研室主任、硕士研究生导师。

公共艺术在我国还属一门新兴学科，而在西方发达国家早已在20世纪五六十年代就盛行，经过半个多世纪的努力，许多城市由于有公共艺术品的介入，城市的面貌、城市的美誉度和城市的品质有了明显的提升，市民早已在公共空间中获得了精神的满足，增强了市民的自信心和凝集力。

随着中国经济的快速发展，公共艺术在我国被越来越多的人所认知，并与我们的生活息息相关。在欣赏许多国内外优秀作品时，在欣慰我们身边越来越多的公共艺术出现时，作为一个公共艺术的教育工作者，思考也更加深刻，有时甚至沉重。因为视野中出现了越来越多水平不高的公共艺术作品，从立意到造型均有不少不尽如人意之处，这其中不乏一些“菜雕”和权力之作占据着空间，侵害着人们对美的认知，实在令人忧虑。本文试图以对公共艺术现状的思考为切入点，从人文精神的角度对公共艺术作品进行探讨。通过理论分析比较，以及本人多年在国内外从事公共艺术创作的体会和对欧美发达国家考察的认知，希望能为公共艺术领域的研究提供可探索空间，为促进公共艺术设计的教学、繁荣与发展、交流与进步提供点滴见解。

一、公共艺术的概念

公共艺术近年来在我国出现率越来越高，许多院校还专门开设了这个专业，甚至专设院系，从事公共艺术教育的教师及在公共艺术领域学习的学生越来越多，想必从事这一职业的人群也越来越忙，社会认知度也越来越高。在英文释义中，“公共”（Public）被解释为“公众的、公开的、公共事务的、公众享用的”。公共性本身表现为一个独立的领域，即公共领域，它和私人领域是相对的。在公共艺术（Public Art）中则将其界定为艺术领域的范畴。对于公共艺术的这个概念，似乎还缺乏必要的界定，人们对公共艺术概念的理解和使用常常是比较模糊的。按照艺术的新分类法则所作的概念界定，在以往的艺术概论中未曾涉及公共艺术这种划分，并且在当今世界各国间尚无绝对统一的定义和诠释。马钦忠先生将公共艺术的狭义概念阐述为它是城市公共空间的纯粹精神性的建筑体，是最前瞻文化和最先进文化的大众化、生活化，是对生活和精神行为起到引导和塑造作用的一种当代城市的空间文化形式。我认为，好的公共艺术，它能潜在地、巧妙地植入人们的视野，并在占据着视觉空间的同时占据着心灵空间，给人以启示，增进场域的朝气与灵气，能令人为之动容和难忘。如维格兰雕塑《公园》即是一个成功的范例。

二、公共艺术的特征

1.空间性

公共艺术的设立需要一定范围内的空间领域，这样的空间领域提供了公共艺术表现的基础。空间性不仅仅局限于一种三维空间的理解，还可以延伸到精神领域。在城市的规划中，公共艺术的设置应以环境为基础，如在现实的环境中，邻近我们的公园、道路旁、十字路口处，经常为设置公共艺术的主要地点。人类天生有着一种群居的习惯，在现在中国的城市规划中，我们可以看到许多人口密集的小区，公共艺术的设置大多数都未能达到令人满意的效果。在拥挤的小区里，我们只能留下一个小小的广场，供住户聚集与交流，而在这样一个人与人交流广泛而频繁的场所设立公共艺术作品是必要的，但这样的场所往往缺乏安置公共艺术的空间性。

2.公共性

公共性是公共艺术存在的前提，只有具备了公共性的艺术才能称为公共艺术。公共性的前提是对公民参与公共事物建设及分享权利的肯定。在封建的、专制的社会制度中，特别是皇家宅院、宫殿的前庭后院，无论是多么空旷，多么豪华，建筑精雕细刻，喷泉水景一应俱全。但那都是私人空间，只是用以显示权威和富有的私密场所，公共性和公共领域是不存在的，因为皇权专制取代了公共性，所以说，公共性是社会发展的产物，它是民主的、开放的、共享的，也是和社会进步紧紧联系在一起的。相对于社会个体的私密性、封闭性、私有性而言，它被公众广泛关注，并吸引公众主动参与其中进行自由的交流与互动。

3.审美性

审美性可以理解为公共艺术作品应具有一定的艺术性。审美性是公共艺术存在的必要条件，不能给公民带来愉悦的空间视觉载体不能称为公共艺术。在公共性的前提下，公共艺术品创作的出发点首先应考虑照顾大众的心理调和，关怀和尊重带有普遍性的公共利益和情感，反映具有普遍意义的公共意志和公共愿望。在当今社会飞快发展的年代，大众普遍的工作与生活节奏都明显加快，在城市钢筋水泥的包围下，人们积极努力追求物质收入的同时，在心灵深处都渴望一种返璞归真、宁静轻松的生存状态。好的公共艺术的设置，是一股令人振奋的视觉冲击波，能使得人们为之一振，抑或是给人一种惊喜，令人会心一笑而轻松愉快。倘若公共艺术的设置作品没有艺术性的注入，那么一切就都是苍白的，不能引发人们对美的向往与追求。而美的向往与追求是人类的天性，这点毋庸置疑。

4.前瞻的引导性

引导性是决定公共艺术作品水准的尺度。公共艺术相对于高雅艺术而言，这两种艺术欣赏人群有明显的区别，高雅艺术一直为少数贵族的专属，没有一定的经济基础和知识结构是无力欣赏或占有高雅艺术的，当然这也要有一定的艺术鉴赏能力。公共艺术则是服务于大众，在这里，一些社会精英存在着一定的误区，在他们看来，大众不懂艺术不理解艺术，如果按照民主的形式制作公共艺术，去征求有关公共艺术的意见及建议，只会导致艺术的倒退和堕落。更有甚者索性忽视公众的意见，创作出一些个人意愿体现过强、背离大众审美价值、对城市景观造成“视觉污染”的公共艺术作品，引起了市民强烈的反感，却自诩这才是真正的艺术。

艺术家和设计师创作的公共艺术作品中，相对一般市民的审美鉴赏能力而言，在思想及思维方面是比较超前的，如著名的建筑设计师贝聿铭先生的代表作之一《卢浮宫金字塔》。该作品在1983年建造时，曾遭到了法国人的强烈指责，其中原因除了有对贝聿铭先生华裔身份的质疑外，主要的反对焦点集中在他们认为卢浮宫金字塔是一个庞大的破坏性十足的装置。反对者声讨道：“不要金字塔，交出卢浮宫！”贝聿铭在回忆自己的这段经历时十分感慨地说：“强烈的阵势，使我几乎无法承受。”他用了两年的时间与法国人辩论金字塔的相关问题，最终，法国政府还是做出了建造金字塔的决定。时间在一点点推移，法国人也逐渐接受和认同了金字塔，并且评价贝聿铭的金字塔把过去与现代的时代精神的距离缩到了最小，还称赞卢浮宫之于未来，是颗巨大的宝石。贝聿铭回忆说：“要想往新的一条路走，免不了很多人觉得不大舒服，要改进是让人非常难以接受的，人们习惯用一种老的办法去做事，在现代做建筑应该现代主义，要往前走这是唯一的办法。”可见，对于一个艺术家与设计师来说，好的引导是多么的重要。

不过这样的引导需恰到好处，要实现这一点，要求公共艺术家具备高超的艺术修养，对环境有敏锐的把握能力，在艺术创作中，遵循将艺术美的共性与个性完美结合的原则。

三、公共艺术的人文精神

1.人文精神

人文精神是指超越性，是对生命意义的追求。人文精神又是人们在探索未知世界过程中，不因前路迷茫而退却，追求真理、积极进取、坚韧不拔的精神。

现代人文精神摒弃了几千年来封建社会对个人价值的漠视，把人看作宇宙间的最高价值来尊重，肯定每个人存在于这个世界上独一无二的价值和意义。强调人在这个世界上人生价值的体现，人文精神正体现了人对自我价值的认知与肯定，把人看作是宇宙间的最高的价值，人比物重要，它强调的是，人在人类活动中应该是最有价值最值得尊重的。这样的尊重是人类文明发展的重要表现，也是人类社会所能达到的最高包容性的体现。

人是比动物更高级的一种存在，而现代人文精神则是人类社会一种最自由的精神存在。现代人文精神最重要的意义在于，它除了强调人本体在自然界中的生存存在外，更强调着人之于世界，还有着精神性的存在。从精神性来说，人是属于本质界、本体界，不光是属于现象界。人生所追求的不仅仅是物质，因为除了物质的饱和外，人还应该追求更高尚的人生意义与价值，也就是对自我的一种超越。当我们理解认知这个世界时，需要长期的积累过程才能达到对本质的理解与明晰，掌握事物的规律。事实上这是一种经验。而超越性则超出这个范畴，是在这个范畴里解决不了的问题，但人还是积极地去探求。在人的超越性中，归根结底是在探求人为什么活着，活着的意义在哪里。也就是在为生命找一个意义，寻找一个比生命本身更高的意义，并不仅仅是简单地活着，还要让自己活得有理想、有意义和更有价值。

2. 公共艺术与人文精神

公共艺术是介于纯艺术与设计之间的综合性艺术，其存在是社会发展的必然要求，而时代的人文精神的发展正是公共艺术孕育的温床。每个社会阶段的发展必然带来新的精神风貌，而新的精神风貌必将产生新的艺术形式，两者是相铺相成的。在人文精神的三要素中，公共艺术的存在就是人文精神的最终体现。在体现时代精神的背景下，公共艺术又有别于架上艺术作者的尽情表现自我内心情感世界，从公共艺术的本质属性来看，体现出一种融合的趋势，也就是说注重人与人之间的交流与对话。公共艺术形式的表达实际上是对环境文化哲学态度与精神的综合表达，是一种设计文化。

随着现代公共艺术的发展，公共艺术已从纯粹意识形态的纪念性、宣传性转向对艺术形式语言的探索，以及形象语言的追求；开始关注到环境艺术与地域文化及其生态环境的关系；强调设计对显示文化整体的关注与对话，开始了对城市环境及公路设施形态的整体规划与合理设计的参与；注重挖掘一个城市的灵魂而建立强有力的城市品牌。

更民主、更开放，合作、交流、共享是现实公共艺术在城市环境中重要的指导思想，而这正是人文精神的人性特征，这使我们更能感受到人的本我觉醒，我们更尊重他人，更尊重自己存在的价值。从大的公共空间领域来说，我国的天安门城楼是古代皇权的象征，这样大规模的建筑群都属于皇权，人民都是皇帝的奴仆，虽然他们在其中进行劳作，但这不属于公众所共有。新中国成立后，我们都能很自由地到天安门城楼参观，于是它成为我们公众所拥有的对象，这是新时代民主、开放的体现。而公共艺术的空间性、公共性也正是这一体现。

成功的公共艺术作品是艺术与时代人文精神的有机结合，而不仅仅充当历史性的文化载体，现代人通过理性的精神分析，将自己的情感通过视觉符号加以强化，找到时代所共同的精神需求，引领着时代最先进的文化脉搏。公共艺术所正对的人群是整个社会大众，为大众服务，在社会中寻找共性，反映的是现代人的所思所想，关照人们的内心活动。在这个层面上，公共艺术还引领着人们对美的认识，引导人们对未来的追求与向往，不断地探索事物的本源和人们的生存状态，给人以启示和关照。公共艺术是与大众沟通的艺术语言形式和展示形态，公共艺术寻求的是人们的大众认同感，这种认同感是人们内心深处所共有的，所以它又是艺术精神内涵的高度浓缩与公共展示的结合，因此现代的公共艺术中必定蕴含着时代人文精神的内涵，这种精神是大众所共同拥有的。

四、公共艺术觉醒的人文

1.净化公众心灵，充实精神空间

在现代社会的高速发展中，人们都忙于自己的事业，生活节奏过快，甚至有些还超出了人们心灵所承受的极限。在忙碌的都市，繁忙让人们无暇顾及身边的家人与朋友，渐渐地，人们变得浮躁不安与孤独。公共艺术作为一种公共开放空间的艺术创作，一种重要的视觉艺术形式，它首先带给公众的是视觉美感与精神上的审美愉悦。悉尼歌剧院不仅是悉尼艺术文化的殿堂，更是悉尼的灵魂，它的外形犹如即将乘风出海的白色风帆，与周围景色相映成趣，在视觉上迅速地吸引公众的眼球。公共艺术作为与广大公众距离最近的艺术形式，更利于公众把它作为情感对象进行感知和把握，在人们困乏的时候，它能及时地将人们带到另一个高度的精神领域，引发人们对美的向往与思考。公共艺术作品让公众在冷漠的城市中找到心灵的安慰，带给公众以希望，从而净化人们的心灵，有利于社会发展朝着健康有序、繁荣和谐的方向发展，如挪威维格兰雕塑公园。这种境界的塑造会使公众在心灵的震荡与洗礼中培养起审美的人生态度，并最终使心灵不断得到陶冶，人性不断得到构建。将大众与艺术家距离拉近，使艺术朴素化、平民化，加深了公共艺术工作者和大众的亲和力，从而使更多的人能更接近公共艺术、理解公共艺术、崇尚公共艺术，使得社会朝更健康更文明的方向发展。

公共艺术应该反映当代人的情感表达，对于现代城市规范化、机械化的生活，人们在城市的生活中难免遗失许多人类本身的精神家园。公共艺术作为城市建设中重要的精神载体介入城市生活，反映现代人的精神现象、文化现象。它所植入的是“精神养料”，是城市人精神空间匮乏时的补白和心灵归宿。公共艺术的艺术形式通过作品渗透到人们的精神层面，在人们心中平静的湖面激起涟漪，公共艺术作品所引领的精神现象是公共艺术存在的最终目的，是觉醒的人文。

2.城市品牌与美誉度

经典公共艺术作品的出世往往会给人带来一种新的视觉冲击、新的观念和新的思维。在我们这样一个视觉泛滥的时代，公共艺术作品无疑是一缕清风，净化着人们的视觉神经，唤醒人们对艺术的认知度，唤醒人们精神世界的需求，唤醒人们对艺术的更高要求。

公共艺术作品多见于大型公共场所、绿地、庭院、广场、高速公路旁，给人的感觉是轻松的、健康的、向上的、积极的、唯美的，是物质空间和精神空间的连接，是地域文化的具体呈现，是人文精神追求的代言。如法国巴黎的埃菲尔铁塔为许多人所熟知，透过埃菲尔铁塔，我们看到巴黎，它是打开巴黎天空的“望远镜”，充当了巴黎的形象代言人，让更多人了解巴黎，向往法国。在这个层面上，埃菲尔铁塔的“广告效应”给公众带来了城市的美誉度和信任感，直接就能给巴黎带来可观的经济收入与间接影响，提升城市的品牌与美誉度。

3.认识美、发现美、珍视美

艺术的价值在于创造与众不同，是一种思维方式，一种修养的结果，而不仅仅是技术所能达到的。艺术也是人类心灵自我反省的一种方式，是剖析人类自身思想根源的手段，艺术落脚点在于人性的真善美，它是为了人类而存在，不是对自然的描摹，而是创造、创新、表达自我的本真。高更在谈及自己对艺术的理解时说：“我的目的在于通过人的手去表现自己的感受，力求创作新的形态。”

公共艺术主要体现现代人的审美指向与追求，由于现代社会工业化的迅猛发展，人们的物质生活水平不断提高，生活节奏不断加快，一切都过于机械化、程序化，重复、拷贝的形式太多且容易，人们渴望轻松和谐的自然环境和与众不同的人文景观，公共艺术作品的悄然切入，简练、概括、抽象、明快，富于韵律、动势、含蓄、夸张等艺术形式是现代公共艺术的特性，给人以无穷的回味、联想、揣摩，让人产生心灵的共鸣与震撼，是现代人文精神的具体体现，是现代人自我情感的外泻，是现代人关爱人类、关爱人群、关爱自我的心灵写照，是现代人本我意识的自然流露。

易中天先生认为，美学的意义在于启迪智慧。智慧不能转让，却可以启迪。启迪的方法，就是把智慧展现出来。人的智慧与知识不同，知识可以学习，而智慧却不能学习。公共艺术真正的意义在于人们对美的揭示，这种过程本身也是快乐的，认识美、发现美、珍视美是艺术家与人类社会共同参与的事物，只有建立了这样的互动关系，美才变得有意义，作品才会有意义。

雕塑《南宁城市之花》位于桂海高速公路南宁市入口处，是由一个个状若花瓣的物体组成的钢结构形态，由澳大利亚设计师约翰·丹顿设计。该雕塑运用南宁市市花——朱槿花作为设计元素，作品分两组，一组是完整的花瓣，一组是展开散落的花瓣，并施以红色，在高速公路入口处观察散落的花瓣时，左右两边均有一朵完美的朱槿花盛开着，当驱车前行时，花瓣慢慢地“打开解散”，是一种喜气的热情。以当地地域性的元素，加以智慧的设计，富于现代的简约造型，极富现代视觉感与冲击力，带着强烈的艺术引导性，牵引观者的视觉神经，在惊喜愉悦之余，享受并理解着此意象符号，这象征着南宁生机勃勃的未来，体现了南宁人盛情迎接各路嘉宾的到来和开放、开朗、开明的时代精神，它是现代南宁人性格的标志。

这类公共艺术作品具有强烈的艺术视觉冲击力，有着鲜明个性的艺术特色，在把握好社会审美的基础上，将独特的艺术视角融入作品当中，在这样的艺术作品前，我们可以感受到强烈的回归本我的自觉性。而这些对美的追求、对美好生活的追求、对未来的希望都将成为这些公共艺术作品所关注的问题，它引导着人们认知艺术、认知美、认知自己。

近年来我一直在公共艺术领域探索，我先后为北京广西大厦做过木质浮雕作品《升腾的太阳》，该作品通过七块大小不一的几何方形，将带有浓郁广西特色的图形联系在一起，将古老的铜鼓演绎成新生的太阳，歌颂新时代、新城市的美丽和美满。民族语言符号是古朴的，有着浓重的历史厚重感，但它又是现代的，体现在其艺术语言的运用上，形态变化的节奏上，简练而大气。将艺术手段的选择、处理的方式、表现思想的语言、个人的习惯用语、幻想的模式、表现世界的方式等综合起来，成为决定艺术家个人风格的象征和形象的语汇。古朴、典雅、现代是公共艺术作品中的主要艺术风格之一，有着鲜明的艺术个性，主要注重视觉和美学的要求，尝试多种材料运用可能性，引导了社会对审美的认知度，引导了一种先进的文化潮流。公共艺术作品带给人们新的视觉美感，大部分的作品将心目中的山、印象中的人、感觉中的文化符号传递给人们，是思想的积淀，是观念的升华。积极探究人本身生存的意义与更关心人个体的内心世界，重视本人与观众之间的思想交流以及人与人之间的精神交流，更注重人与空间时间的对话。

2002年5月我在比利时创作的综合材料作品《天堂之蛋》将木质与石材巧妙结合，以中国板栗的外形和核桃的内形为创作素材，分别将象征着永久的九个似蛋非蛋、似果非果的造型错落有致地放置在小溪边、坡地上、树丛前，与大自然融为一体，其中一个破裂状，呈现出内核，核心用石头雕刻成人脑，以引发人们的思考和联想。我还从中国带去几颗核桃种植在两瓣破裂状的果实中间，让其日后生根开花结果，寓意传播中国智慧。其行为过程虽觉漫长，但每当人们看到它时都会有不同的惊喜和兴奋，充满希望和幻想。也再一次向人们诉说这是《希望》的延续，在比利时的大地上，我试图“种植”的是友谊、思想、灵魂，萌生的人类苦苦所追求的真善美，引导着人们对生活、和平、友谊的珍视。在公共艺术作品中，可以看到一种反复的引导，与观众间的交流有着连续性的对话。

在比利时的创作经历中我曾在日记中这样写道：“艺术让灵魂复苏，只有这样，艺术才伟大起来，并引发不同年龄、不同国籍、不同民族的心灵沟通和相融，升华成一种难忘的记忆。这种艺术交流方式，将大众与艺术家拉近距离，使艺术朴素化、平民化，加深了艺术家和大众的亲和力，从而使更多的人更接近艺术、理解艺术、崇尚艺术，使得社会朝更健康更文明的方向发展。”所以艺术家创作思维越开阔，关注的点也就越来越大，内心深处不但回荡着艺术的本原的探究，还关心着人类自身的生存状态与精神世界的释放。

五、当代中国公共艺术的缺失与反思

在与朋友们的闲聊中，经常会听到一些关于公共艺术或城市雕塑的笑话。如某城市号称“龙城”，作为城市标志的雕塑自然少不了龙，穷尽创意的设计者挖空心思也未能把龙的位置安排好，用两根石柱将为显示高档而以铜质材料锻造的写实的龙高高举起三四十米，龙身上还坐着一个用同样材料打造的美女。由于石头与铜材的对比，由于支撑龙的石柱的抽象与铜材锻造的写实的龙的具体，更由于其高度，再美的龙其细节也完全消失了，故“龙城”的老百姓称之为“一双筷子夹着一条虫”。到过现场的人目睹这一“杰作”，听到如此精确的评价，无不为之“称赞”而认同。还有一个城市为了显示该城市有一产品要走向世界的决心，用不锈钢做了一个地球模样的形态也是高高举起，下面是其产品原材料烘托，常有当地人在此等候他人之时，被问及在何处，都会自然地说在有个“扯球蛋”（方言）的地方。这些虽是笑话，但道出了只注重内容而忽略了形态在空间中的视觉效果的传达的认识。低劣的公共艺术作品就像鸡肋，食之无味，弃之可惜。在公共艺术作品的实践中，有许多重要的决定因素，影响着公共艺术在环境中的释放，严重影响着公共艺术的发展，如我们有些地方政府官员由于受传统思维模式的影响，特别是受风水学说的局限，加之当权者个人兴趣的左右，使我国许多城市的公共场所变成了以风水为主导的风水阵以致视觉混乱，巫气熏天，品位极为低下。有的不仅没有愉悦人们的身心，反而误导了民众的审美取向，影响了民众的审美情操。有的不注重自身文化背景和地理环境、生态条件，愚昧地过度攀比和模仿，使城市空间环境不协调和缺乏独特性，使市民和到访者感到生活在其中而疲倦、烦躁不安，不能很好地调和心理空间，与和谐社会相违背。

1.公共性与艺术性的游离

广西南宁市曾做过一个高约50米的以古代兵器为主题的大型不锈钢雕塑《跨越》，是南宁市为了庆祝广西壮族自治区成立40周年和中华人民共和国成立50周年的献礼城雕。作品立在了一段重要的十字路口中心，但没过多久就被拆除了。原因很简单，因为雕塑整体感不强，露出了很多尖角对着过路的人们，对观众产生巨大的心理压力，严重伤害了市民的身心健康。而这样的公共作品，是公共艺术者缺乏对艺术的把握能力造成的，不但造成了巨大的经济损失，还将观众引向“错觉”的审美，这样的“错觉”影响着一代人的审美能力。在欧美等发达国家到处可见大师的艺术作品，许多人从小就生活在大师的周围，在艺术审美方面已有了相当高的水平，但国外的政府官员还必须经过美学教育。这样的例子比比皆是，公共艺术设计者对公共性与艺术性的结合的缺失，没有全面考虑作品所面对的群体，将自己的观点强加在一个公共空间里，这样得到的结果将是精神和物质的双重损失。

2.民族性、地域性未能得到充分的彰显

在我去过城市里，经常可以看到一些公共艺术作品有着许多雷同，甚至是照搬的现象。这样跨地域的模仿，不能为城市品牌的确立做出形象美化作用。民族性、地域性的缺失，让我们看不到有个性的城市，只有千篇一律的市区，很容易让人忘了自己身在何处。这样人们就会慢慢淡忘曾让自己感到骄傲、引以为自豪的文化特色，地域的自信心也将受到影响。而这样个性、特色的作品正经历时间的检验，又是中国特征的诠释。

3.创新创造不足

在创作艺术作品时，需要公共艺术设计者具备一种特别的能力，那就是创造，创造的本身才能与众不同，而富有个性。在世界一体化的时代，没有个性就是变成了随波逐流，很容易被人们所淡忘，就丧失了生命的原动力。如果在中国我们还像从前一样不断地重复着前人的审美取向，不断复制前人的记忆，那我们的生活将会怎样？在继承传统的同时我们要加上现代人的情感、思维、意识，从而产生令人为之一振的新作品、新语言、新形式，以适应现代人的生活、思维方式，我们的艺术作品是为现代人而创造，而不是为古人也不是为后人。现代人的美学观点随着生活方式的变化在进步，我们不能让现代人住进古时的潮湿青砖古屋，难道我们的公共艺术还要回到千年历史以来的符号上、功能上、审美上吗？

六、公共艺术展望

1.公共性与艺术性的巧妙融合

公共的、共同拥有的公共艺术，最重要的是拥有着共同的精神需求，同时它又是艺术的载体，以艺术的形式完成。公共艺术应考虑到它的形式、语言、手段，公共艺术以物质形态的方式放置在公共空间时，如果它有良好的艺术品质，这样的公共艺术将会更有感染力，更有生命力，更有教育和引导意义，更有保存下来的价值，更能保持与公众和公共环境的良好关系。我们在认同公共艺术的“艺术性”同时，要特别强调，公共艺术设计者在以艺术的名义进入公共空间

时，不能将它看作是个人风格的张扬，公共艺术体现的是公众经验，它必须为公众服务，如果将艺术家的个人风格强加给公众，则体现不了公共艺术的服务属性。将公共性与艺术性有机地结合起来，是对公共艺术设计者的智慧、艺术能力、审美能力的全面考验。

2.充分利用民族地域资源，巧妙植入富于差异的个性文化

民族元素在公共艺术设计中尤为重要。“是民族的也是世界的”，没有民族文化的介入，世界将失去多样化，变得没有特点与个性。民族元素的运用恰恰又符合特定地域的人们的审美取向。地域文化特色在当今的公共艺术中是人们所认同的实践艺术形式，地域文化特色是打造城市品牌的最佳着眼点。

3.关注生活、关注当代、放眼未来

公共艺术是公众的艺术，为公众服务，对于公众的了解是公共艺术的最佳切入点。关注大众的生活是公共艺术设计者所必须遵从的，如果不关注老百姓的生活，公共艺术的作品将是空洞无味的，要么是作者单纯的情感宣泄，脱离大众；要么是公共艺术作品不够深入细微。这样的公共艺术作品将很快在人们的心里被忘却，关注热爱自己的生活，关注社会的生活将是公共艺术作品深入人心的关键，只有这样的公共艺术设计者才能找到与公众对话的可能。

我国的城市化进程日新月异，但与许多发达国家的城市相比还不尽如人意，特别是城市高品质文化的滞后，有钱没钱的城市见得最多的是豪华KTV，大型游乐场。这些是不能满足大多数人的心理和精神需求的，因为缺少令人兴奋、有特色、让人惊叹的景观，更缺乏让人驻足留恋、引发深思、启迪心智的人文景观。

在这样的背景下，蕴含着现代人文精神、关照人类内心世界的优秀公共艺术作品悄然介入，通过视觉传达给人们，使人追求更高尚的人生意义与价值，也就是对自我的一种超越。

成就一件经得起时间考验的公共艺术作品，需要公共艺术设计者、公众的共同努力。在公共艺术设计者的环节中，应注意基本功与创新思想的结合、公共性与艺术性的结合，也要考虑到民族地域性，热爱生活并关注自然。而公众自身也要提高自我审美水平，在这个层面上，公众的审美水平也将影响着公共艺术作品水平的高低，在公众审美水平较高的国家及地区里，如法国的埃菲尔铁塔、悉尼歌剧院等都是当地文化特色与公众审美的完美结合，是公共艺术与公共性的完美结合，是城市品牌的代言。

在我国，相对而言，国民素质未能与发达国家相比较，这也需要公众努力提高自我欣赏水平。当然这需要一个循序渐进的过程，不可能马上达到我们所预期的效果，而公共艺术设计者的引导在这个环节也就显得尤为重要。所以好的公共艺术作品，具有长期的保存价值，这样的作品的存在是社会的幸事，对公共艺术工作者与公众来说也是好事。而这一创作公共艺术作品的过程需要公共艺术工作者与公众共同努力。

综上所述，公共艺术是当代城市人对美的最高要求，是当代城市人对未来的最高理想，是当代城市人文精神的觉醒。

让艺术点燃人性之火，催化爱美之心，照亮心灵之窗，晾晒潮湿的心房。让我们相约，放飞艺术思绪的美妙空间，畅游于梦幻与现实之间，将艺术永恒的记忆永存我们无愧的伟大时代。

参考文献：

1.张燕根：《张燕根雕塑》，南宁，广西美术出版社，2006。
2.张燕根：《装饰雕塑》，南宁，广西美术出版社，2003。
3.马忠钦：《雕塑 空间 公共艺术》，上海，学林出版社，2004。
4.殷小烽：《视觉 · 环境与材料》，长春，吉林美术出版社，2004。
5.余秋雨：《艺术创造论》，上海，上海教育出版社，2005。
6.邹文：《公共艺术概论》，成都，四川美术出版社，2003。
7.翁剑青：《城市公共艺术》，南京，东南大学出版社，2004。
8.威廉 · 弗莱明：《艺术和思想》，上海，上海美术出版社，2004。
9.许正龙：《装饰雕塑艺术》，南昌，江西美术出版社，1997。
10.邹文：《野性之美——张燕根木雕作品印象》，载《南方文坛》，1997年第3期。
11.朱国荣：《蕴藏于野性中的文化意蕴》，载《江苏画刊》，1997年第1期。
12.游国全：《艺术，不朽的活力——喜看青年艺术家张燕根的木雕作品》，载《雕塑》，1998年第2期。
13.张燕根：《相叙撒哈拉——法国迎千禧年国际雕刻座谈会》，载《画廊》，2000年第2期。
14.张宝明：《现代人文精神的与大学教育》，网络版。
15.周国平：《人文精神的哲学思考》，载《文汇报》，2002年12月1日。
16.张汝伦：《再论人文精神》，载《探索与争鸣》，2006年第5期。
17.吴卫、刘志：《艺术设计教育更需要复兴人文精神》，网络版。
18.刘磊霞：《后现代主义艺术的人文精神》，网络版。
19.易中天：《美学的意义在于启迪智慧》，网络版 。

在『包容』中成长的现代纤维艺术

○杨　玲

广东汕头大学长江艺术与设计学院副教授。

内容摘要:

很多行内的人对“纤维艺术”的理解仍然停留在“壁挂”、“壁毯”的层面，笔者认为纤维艺术本身已经完成了由传统向现代转化的演进。但是，当一些人试图将纤维艺术作为独立的艺术门类去诠释时，笔者却认为离这个理想还有一定的距离。当我们客观地去分析纤维艺术的表现时可以发现，它的艺术特色就在于“包容”性。在坚持材料与制作技艺的限定条件下，不断融入社会、生活、艺术、文化、科技各方面的时代元素与艺术理念，因此得到不断完善和自我发展的动力。

关键词: 纤维艺术　开放　包容　个性

笔者以前曾经写过一篇关于纤维艺术应用的文章，题为“制约下的纤维艺术”。当时认为纤维艺术作品由于受到制作材料和悬挂方式等的限制，所以它主要还是起到调节建筑内部空间的作用。然而时至今日，关注纤维艺术的人都不难发现，纤维艺术已经从传统印象中走了出来，演变成为各方面都在随时代进步而同步发展的现代艺术品类。它在保存传统精神与吸取现代理念中保持着平衡，在不断的向外吸取和拓展过程中成长。

由此过程我们不难看到，现代纤维艺术在相对比较短的时间从传统模式向现代艺术迈进，正逐步被人们所认同。这首先是与艺术倡导者积极、开放的观念和态度分不开的，其中所提倡的 “包容性”，可以说在纤维艺术的提升和演进的过程中起着关键的作用。“包容”是指传统与现代理念的融合；“包容”是与其他艺术种类的兼容并蓄；同时又是手工技艺与科学技术的相互沟通……正因为如此，使纤维艺术这一来自远古的艺术才得以注入新鲜血液，缩小了原来的局限性，呈现出令人刮目相看的艺术发展潜力。

现代纤维艺术是集艺术观念传达、设计形式表现以及工艺制作规律等为一体的“混合”形态，与其他艺术门类相比有其独特的一面，笔者尝试从以下几个角度谈谈个人对纤维艺术的理解。

一、保持传统与锐意改革的新旧交融

众所周知，传统概念的纤维艺术实际上是有着悠久历史的以刺绣和编织等为主要制作手段的实用艺术。在欧洲宫廷、教堂和博物馆中仍然展示着东西方古老的手工编织壁毯和地毯，不论尺寸巨大还是细小，其制作的精美程度都反映出纤维艺术早期的地位和辉煌。而这种传统的实用工艺形态，在现代并没有被摒弃而是依然延续着。在笔者写这篇文章之时，国内的报刊有一则关于高品质的手工编织壁毯拍出几百万元人民币的报道，也恰好从另一个侧面，反映出传统概念的纤维艺术仍然以其工艺制作手段之美在现代纤维艺术类型中占有一席之地。

虽然“纤维艺术”这一名称是20世纪70年代才在美国被确立，但纤维艺术现代概念的形成应该始于欧洲。20世纪50年代，在抽象表现主义运动的影响下，纤维艺术从开始进行纤维织物的变革起，出现了60年代强调织物的抽象肌理与结构，70年代的古典与表现主义双重风格并举，80年代十一届瑞士洛桑国际双年展的展题“空中的织物”到十二届的展题“织物雕塑”……都可以看到纤维艺术半个多世纪以来不断追求的锐意改革与创新。纤维艺术家也因此逐步分化为实用美术设计和完全追求个人艺术观念表现的两个方向。一路走来，工艺与艺术、实用性与实验性、新思潮与旧观念、追求形式与讲求内涵等必然产生碰撞。然而，在“纤维”这一特定的创作条件下，思想的碰撞又可以产生形式的互动，使纤维艺术在传统与现代的变革当中既求同也存异，在艺术创作格局上形成“新”与“旧”并举的交融状态。

二、制作的技艺美学与观念的哲学思考共存

清华大学美术学院纤维艺术研究所，是我国纤维艺术研究的权威机构，在他们的工作室，笔者看到研究生们坐在高林架前以传统手工编织的方式进行创作，而另一些人则面对着各种全新的纤维成品材料在探讨各种构成的可能。这个场景似乎形象地表达了笔者的想法：纤维艺术给我们提供的是一个技艺美学形式表现和观念情感传达的自由、宽松的艺术空间。

从纤维艺术家的作品表现，我们不难看到这种不同方向的艺术追求。一些创作者借助手工或其他制作技巧产生的直观结构或肌理，来表述个人的审美取向：如20世纪60年代崛起的美国前卫织物家希拉·席克斯具有深厚的织物知识与制作经验，使她能自如地运用纤维本身的直线性与柔软性进行创作，对成束的纤维加以缠绕而后进行穿插编制或排列，作品《墙》、《回忆》等强化扩展了传统技艺的视觉张力并传递着现代的精神（图1）。洛杉矶的艺术家瑞卡·曼代尔的结网作品《内在世界的神殿》（图2），也是以手工结构排列为主，方格结构的重复性建

图1

图2

图3

构、圆形图像的重复性布局和凹凸形成的空间起伏，强烈地突显了编织的意趣，唤起观者内心世界经验的感悟。从当今知名的现代纤维艺术家的作品看，如袁运甫的《荷塘》（图3）、林乐成的《童年·记忆》（图4），日本福本繁树的《四君子、不逾距：桔梗、花浅葱、向日葵、珊瑚》（图5）、福田潮子的《时空》（图6），等等，都仍以一贯强调的技艺制作之美，带给观者视觉上的愉悦与心灵的和谐。

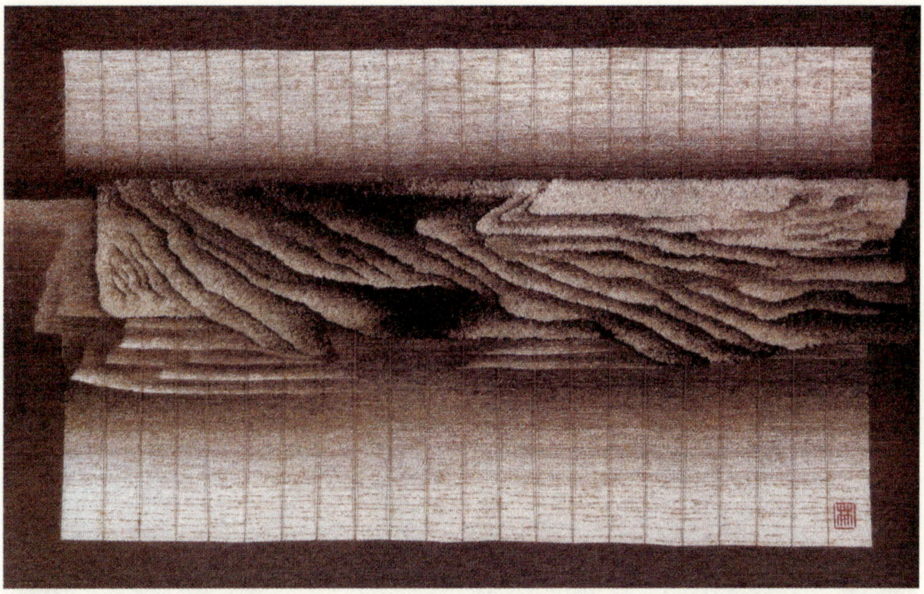

图4

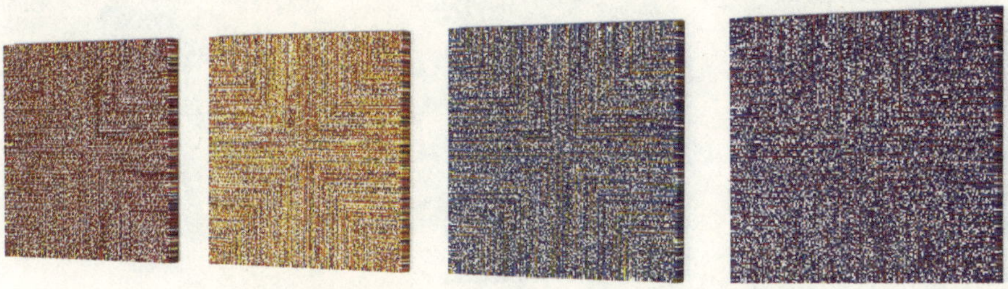

图5

而另一些创作者的作品风格则截然不同，他们以观念性的表达为主旨。如被称为织物巨人的波兰艺术家玛格达莲娜·阿巴卡诺维兹，用现成物进行捆塞、缠绕、缝制来塑形，然后在广大的空间做群体的装置陈列，她在20世纪70年代后的作品《替换》（图7）系列，以“人”为创作意念，由《头》、《坐着的身躯》、《背》三组构成。那些巨大的头，毫无生命的无头的枯槁身躯，弓着的背，艺术家借此述说的不是生活的穷困，而是象征心灵的贫乏、精神的崩溃与无所不在的恐惧和焦虑。她的作品完全区别于传统纤维艺术的面貌，艺术家个人观念的宣泄形成独特的表现形式，让人对纤维艺术极具心灵震撼力的一面印象深刻。第三届“从洛桑到北京”国际纤维艺术展，美国卡罗尔蒂·维斯特弗的作品《拥挤的地球》（图8），

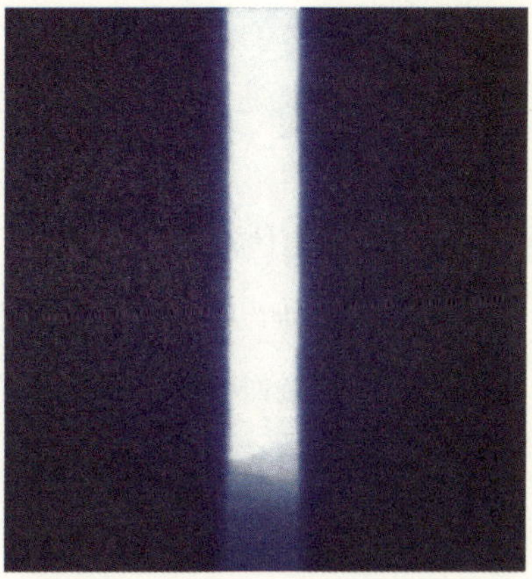

图6

图7

图8

同样以纤维艺术形式与观念的结合，传达着深刻的命题；中国肖军的作品《裂变》（图9），栾毅、张晓亮的作品《重生》（图10）等也反映出他们个人在观念传达、人生感悟等方面的思考。

另外，不仅是纤维艺术家，一些画家与雕塑家，也利用纤维艺术来拓展他们创作的视觉语言，画家菲利普斯·辛金将创作的观念和主题，用针织纤维织造出来，使纤维成为他艺术表现的媒介。

为什么纤维艺术表现出如此宽松的局面？究其原因有几个方面是不容忽视的：其一，包豪斯时代建立起的革新理念，在之后的数十年间，影响着织物艺术家们努力地彰显其独立的艺术地位，挣开实用性的限制。其二，各类艺术家的参与，如绘画、雕塑、工艺美术、设计甚至建筑师都加入创作的行列，必然带来新与旧、艺术与功能的互动，呈现各种风格的自由和共存。同时，也使现代纤维艺

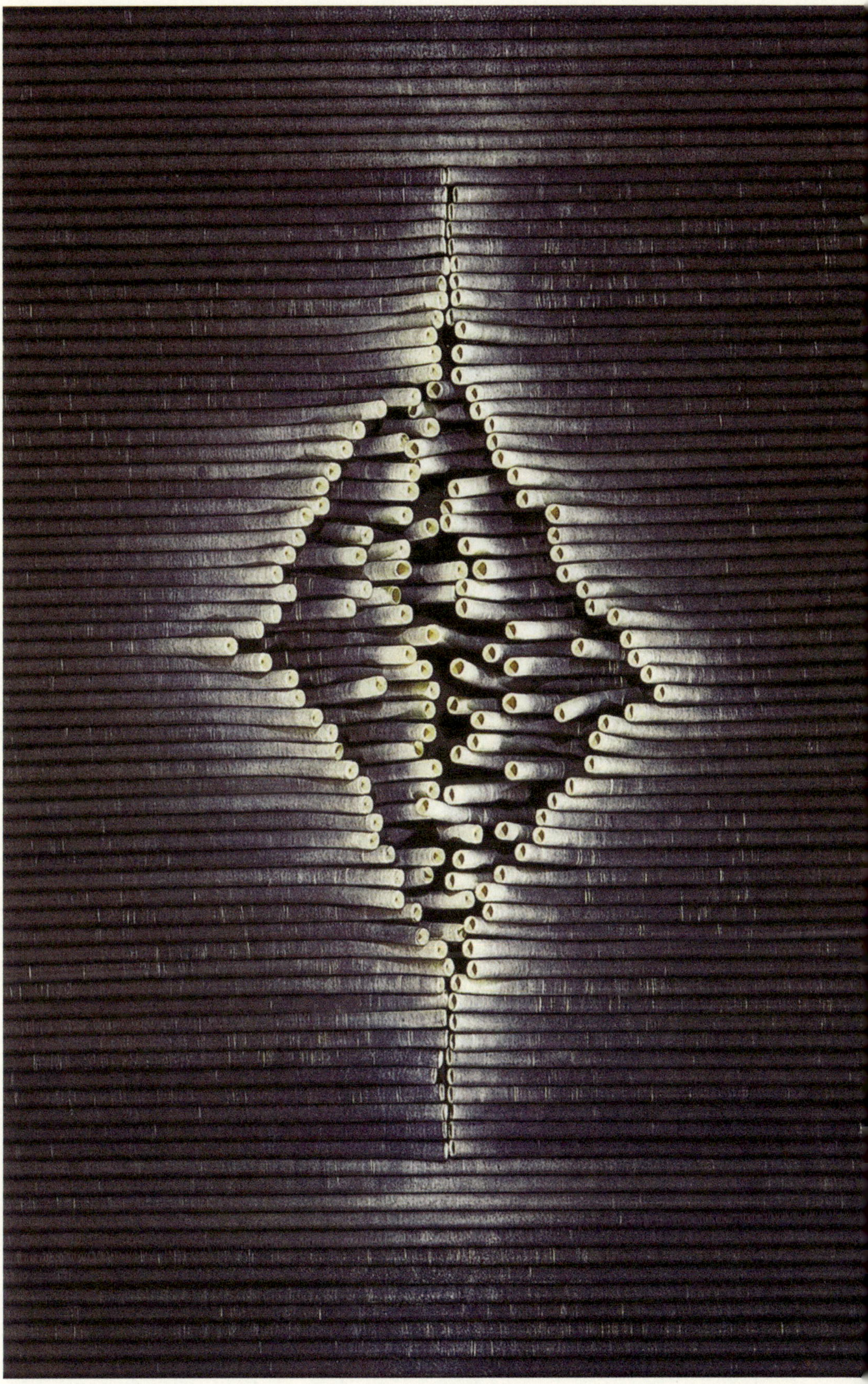

图9

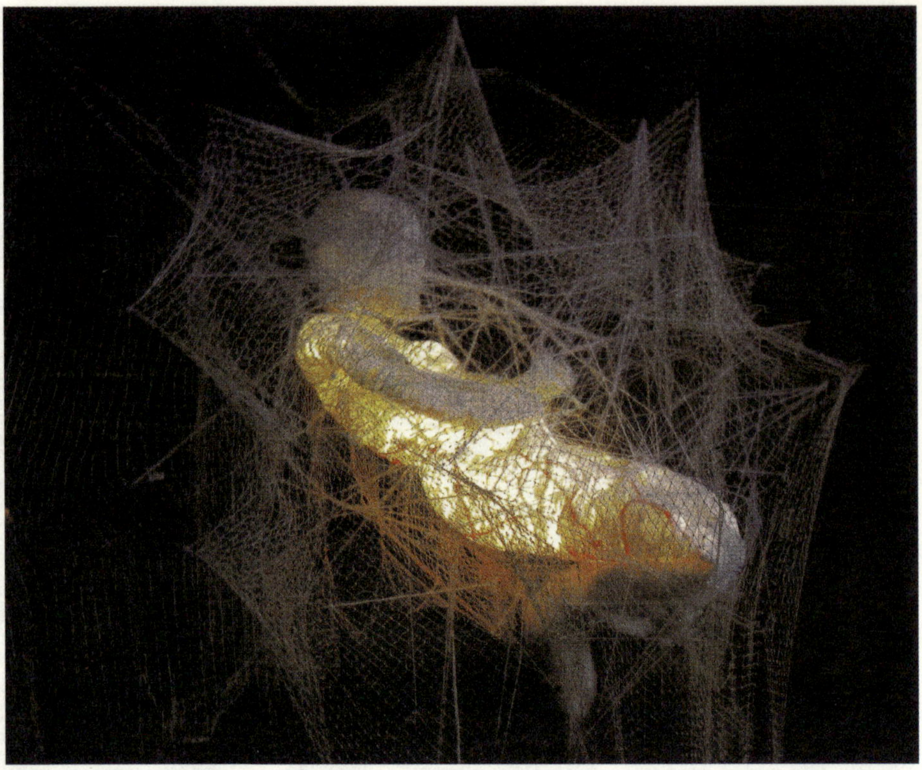

图10

术吸收和兼容了其他实用与艺术门类的品质，使之得以不断拓展着自身的视觉表现语言及视觉形态。其三，追随现代科技的进步。很少其他的艺术可以像现代纤维艺术那样随时代的进步不断地调整和吸取，特别在新材料使用上表现出多种选择的可能性，使传统与现代的制作元素结合，得到更为丰富的表情与内涵。

三、从自然纤维材料到非自然纤维媒材的集结

对材质的运用，可以说最能表现出纤维艺术的包容性。借台湾《当代纤维艺术探索》一书作者黄丽绢的话："……在材料方面，它可以运用纤维的'质'（如棉、毛、麻）、纤维的'形'（如铁丝、鱼丝）或甚至具有纤维'观念'的媒材来创作。"而到今天，"纤维"的概念已经更加开放。纤维艺术材料中有传统的自然纤维，如棉、毛、麻、丝、棕、麦秸、玉米皮、藤、草、羽毛等。又有新型的自然纤维，如彩色棉花、压制木和竹纤维、纸索、水草、剑麻、菠萝叶条等；而非自然纤维质的材料更加日新月异，如化纤、人造丝、尼龙、铁丝、钢索、铝条、玻璃纤维、树脂材料；呈纤维状态的成品也成了纤维艺术的可造之材，如彩带、松紧带、皮筋、电线、遮阳网等；而且现代高科技的光纤、光敏、热敏材料也被容纳进来，再有光线、光波等具有纤维观念的媒材的运用，纤维艺术制作材料的多元化可见一斑。

图11

与此同时，集结了材料的多种类，必然就集结了纤维艺术制作手段的多样性：有手工的编织、串联、拼贴、印染、刺绣、绗缝、缠绕、捆扎、环结、包裹等；机器制作的提花、腐蚀、褶皱、拉丝、压制、切割、铸造等。同样的材料在不同的制作手段下，形成纤维艺术作品呈现出截然不同的面貌。

选择来自天然的纤维材料的作品透出人性的温暖，给人单纯、自然、淳厚的印象；人工制造的各种纤维材料有多种变化的色彩秩序，充满装饰的情趣；而天然材质和工业媒材两者结合，则可以产生丰富的触感肌理或隐喻的暗示性，有强烈的视觉和心理的影响力。

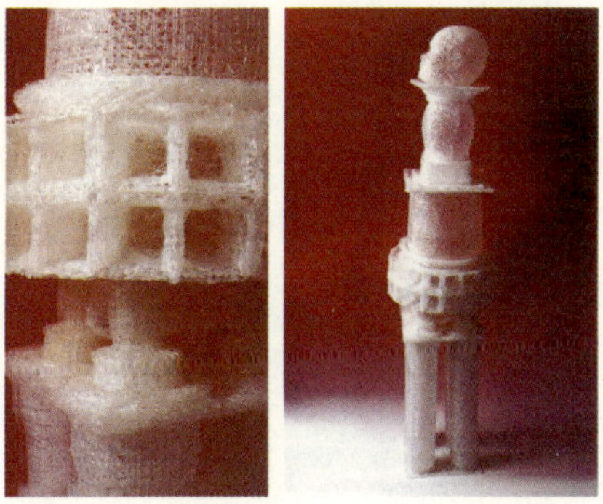

图12

“观念”的纤维媒材增添了现代纤维艺术在观者视觉心理上的分量，如日本艺术家八木真理代的《绳》（图11）系列作品就是典型例子，超出了一般人对纤维材料的理解，让人产生与雕塑相近的感觉；拉托维亚艺术家帕得瑞斯·萨德雷斯使用热溶胶纤维进行创作也反映出纤维艺术家对新材料“观念”的挖掘，使他的作品在纤维艺术展上独树一帜（图12）。

四、丰富的题材与多样的体裁并置

纤维艺术创作题材和体裁的内容可以说是包罗万象。我们可以尝试做一个这样的划分，在题材形式表现上有：1.写实具象或临摹绘画；2.图案；3.自然或材质肌理的直接呈现；4.抽象形式；5.个人情感观念传达。在体裁形态上包括：1.平面与半立体；2.立体（软雕塑、装置）；3.三度空间中的多重组合。另外，在尺度和展示上，纤维艺术品不受巨大的和细小的尺度限制，可以采用放置、包围、悬挂、空间拉伸、垂放手段等进行墙面或空间的展示。而针对环境而言，纤维艺术适合于室内或室外、私密或公共流动空间；纤维艺术中的大地艺术更是把视觉与观念的语言用于建筑、山坡、田野、沙滩甚至岛屿之上等等。一个发展中的艺术门类有如此广泛的应用条件及可行性，应当说是在艺术类别中绝无仅有，这也成为纤维艺术特殊的一面。

结　语

纤维艺术以“从洛桑到北京”为标记开始了新的里程，使国际现代纤维艺术踏上了东方文化的平台。而当下正是各种文化蓬勃兴起的时代，也为纤维艺术的创作提供了更加多样的文化语境。在这种有利的形势下，作为中国的艺术家反而要静下来思考的是：纤维艺术有广泛包容、为我所用等优点，但是“包容”并不等于“大同”。现代纤维艺术应当在强化“个性”创作上下功夫，拉开各国文化的差异，形成鲜活的文化个性。如果在表现形式和材料运用上都凸显出“文化”、“个性”、“人性”、“环保”等时代的精神，纤维艺术在中国的发展就会走向一个新的境界。

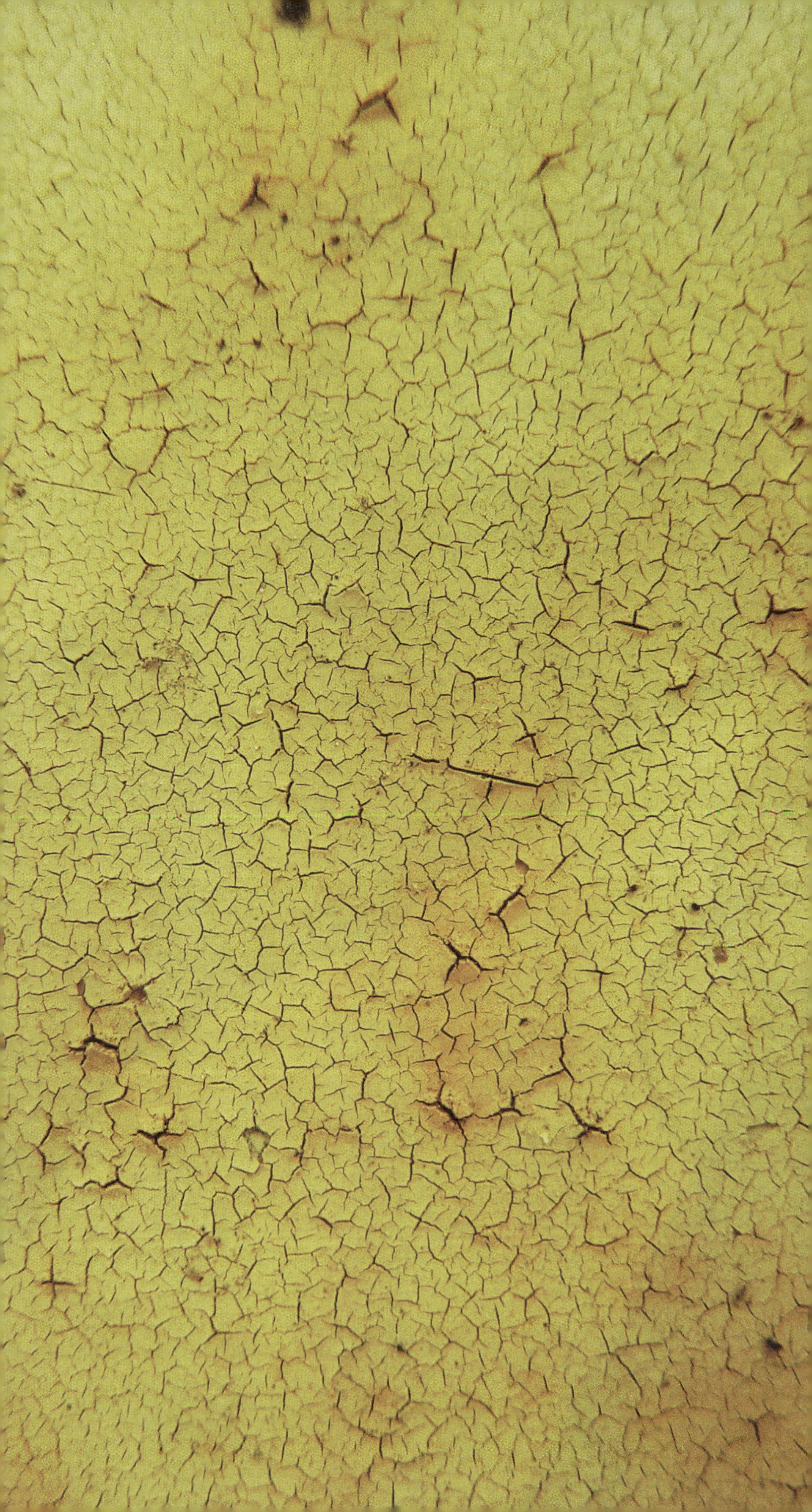

公共艺术若干问题研究

○ 杨奇瑞

中国美术学院公共艺术学院院长，中国美术学院教授，中国城市雕塑委员会艺委会副主任。

公共艺术近年来成为中国艺术界及城市公共文化的重要话题。“公共艺术”（Public Art）作为专有名词久已存在，公共艺术的历史在西方有相当长的时间。不仅在欧美，公共艺术在许多国家都有各自独特的经验与成就。事实上公共艺术并没有一个统一的界定概念认识，而是差别很大。公共艺术始终是与各自的民族文化、城市文化、建设经验一起成长与发展的。中国在经历了多年的城市雕塑大规模兴盛发展阶段，建立了城市雕塑的社会认同的基础，成为城市文化的的一部分。随着城市化的高速发展，经济持续繁荣，城市文化建设和公众精神生活更趋多元、更为丰富。除城市雕塑之外，各种创作与设计的手段和智慧的实践成果，逐渐形成公共环境文化各显身手的格局，推动并强化了公共艺术研究。公共艺术建设与研究在中国的发展和今后的趋势，反映了公共艺术将发展到一个新的阶段，同时也反映了中国将在此领域的充分的话语力量。

雕塑界不少人士认为公共艺术就是城市雕塑，至少公共艺术的主体是城市雕塑。这应该是个事实，公共艺术的历史明证于此。

也有观点认为公共艺术并不是某一个艺术类型的专指，而是一种现代城市文化和艺术的总体概念，除了雕塑等造型艺术之外，广告招贴、公共设施、城市家具、景观园林、大众传媒、公共环境设计、视频传播等实用艺术甚至包括公共审美教育，任何对城市文化有促进的，与公众共同生活发生审美功能的，不管其手段如何，形式如何，都可称为公共艺术，公共艺术并非雕塑、绘画等造型艺术的专利。

一些现代艺术家的公共艺术观坚持公共艺术就是在公共环境里，即自然空间和公众生活空间里艺术家所创作的艺术作品，是以在公共自然空间和人文空间通过艺术作品达到自我实现为目的。

建筑师、规划师在经营公共艺术的规划、布局和空间尺度等方面当然有独到见解，从传统美学角度讲建筑也是造型艺术。历史上达芬奇和米开朗基罗既是雕塑家、画家也是建筑家、规划师，因此他们是城市公共艺术的宗师。特别风格的建筑也是公共艺术（有使用功能的造型艺术品），贝聿铭在巴黎卢浮宫的金字塔以及北京的中国大剧院、鸟巢、中央电视台等标志性有雕塑风格的建筑都可视为公共艺术作品。

也有些艺术批评家从现代民主政治、公民权利等意识形态的角度探讨公共艺术，认为公众权利甚至经济关系决定了公共艺术的性质，只有公众参与并体现了公民意志的艺术才可能是公共艺术。艺术要为公众服务，观点竟与毛主席所提倡的“文艺为工农兵服务”的思想十分相似，尽管环境、语境、对象不同，甚至跨越历史时空。

遗憾的是，古今中外由公众决定并促成的公共艺术案例并不多见。

以笔者的经验，中外公众对于公共艺术的态度是宽容的。公众更乐意成为公共艺术的欣赏者，通常表现的是对艺术家劳动的尊重，而对作品喜恶和理解与否则在其次。近年来，以民意代表参议的形式对公共艺术的取舍，没有决定意义的好效果，有时还会成为决策者缺乏艺术判断或分解责任的一个借托之由。

公共艺术实施中的民意成分充其量只能成为一个指标体系中的一小部分，而不能左右公共艺术本身，毕竟公共艺术有其专业规律。思想与技术表达方式不能被代替，也不能被另外过多非艺术因素干扰，否则会伤害公共艺术本身。

在公共艺术教育方面，中国美术学院等高等艺术院校，先后建立了公共艺术专业，并设立了系或院的建制；总结了过去中外公共艺术发展状况和经验，研究了中国未来城市建设、城市文化的发展趋势，将公共艺术作为一个新的学科进行研究，培养为城市公共艺术、公共文化、公共传播、公共设施设计、公共环境设计的专门人才；运用传统艺术手段、现代综合技术创作手段来创造公共环境艺术、公众生活艺术、公众生活方式艺术。对于公共艺术的学科定位，中国美术学院认为，公共艺术是中国城市化背景之下新的文化命题，是当代世界性的多元化研究的重要课题。显然，它是一个交叉的学科研究。这种交叉学科研究，绝不仅是把某一学科和与之相关的几个学科拼合在一起，各自从不同的方面去研究同一论题，而是要构建一个不隶属于任何一种学科的新主体。它所借助的各种学科不是一份简单的综合清单，而是提供不可替代的和有效的方法论方面的东西。公共艺术研究如何构建这样一个新的主体呢？艺术的现象久已存在。艺术研究的学科主题伴随近现代学院改革的全过程。要构建新的学科主体，就要考察作为这一研究对象的“公共艺术”是“什么东西”，就必须在相互的关系中重新考察“公共”和“艺术”这两个概念。我们要努力使这两个概念摆脱传统视野中根深蒂固的本质主义，在相关的内在根源处提出重新思考，为公共艺术正名。“公共”即指公共场所，又指公共性本身，是以公共性场域为平台来表达和推行公共性的精神。因此“场所”的中心性成了公共艺术学科的核心思想。

“场所”是一内涵丰富的称谓，即指某一空间与周遭的外在内在的联系的总和，又指向蕴涵在时间因素中的归宿和命运感。

所谓公共性，除了是对公共空间物权意义的存在，还在于对与空间场所的人共同形成物质性质与根本意义。公共艺术就是调动艺术的方式，因此公共艺术优先突出的是场所。这份诗性、词心、匠意，在场域中的可见不可见，与主观和客观的交感之中，来影响和感动众人。如果艺术家自己创作是“独乐乐”，那么公共艺术的创作则是将艺术个性融入场域情景和内涵，而升华为“众乐乐”。独乐与众乐浓缩了公共艺术的研究方向、研究主题、艺术使命与学术责任。中国美术学院公共艺术学院将探索与构建具有东方文化意蕴的当代公共艺术学，构造以境域的中心性为核心，以视觉活动的“视觉性”为基本架构，以当代人群的新型的精神交流模式为基本指向的公共艺术理论和实践交流，是公共艺术学院的学术使命。

在高等院校里实现对公共艺术高级人才的培养，体现了当今与未来公共艺术事业的深刻需求。

公共艺术是一种艺术门类还是一个专业？是造型艺术还是包括实用艺术？是一种艺术概念还是一种潮流？对此涉入其中的每个专业都有自己的权威认识，每个角度都有自己的坚持，每个领域都有自己的话语权力，公共艺术毕竟是发展中的事物，求同存异，营造公共艺术的良性生态应成为共识。

公共艺术良性生态应有以下构成要素，包括：①城市环境建设、城市文化需要；②优秀的公共艺术创作设计队伍；③政府运作的良性机制与较好的经济环境；④公共艺术批评与监督机制；⑤公共艺术人才培养；⑥社会支持与优秀的文化氛围。

在城市建设需要方面，政府在公共艺术上的投入逐年加大，在塑造城市形象、修复历史文脉和文艺创新等重要方面，公共艺术成为不可或缺的重要元素，成为城市综合实力竞争中的重要标识。北京、上海和杭州及许多省市都有令人瞩目的公共艺术规划和大型的公共艺术项目实施。不仅如此，连一般中小型城市都有相当的公共艺术投入，还不包括企业和公司在这方面的投入。就公共艺术投入的物质环境而论，中国应是当今全世界最好的其中之一，上述几个方面均属公共艺术生态当中的重要环节。

西方国家在公共艺术生态的发展方面给我们也提供了很多参照的经验。

欧洲国家人文深厚、艺术氛围极浓，历朝历代至今都有着辉煌的艺术，很多成为公共艺术品留于后世，古往今来城市户外环境艺术品到处可见。艺术至上之风气在欧洲已成传统，深入人心。从事艺术者，多具探索精神，政府、民间、企业和财团在公共艺术建设与艺术的公益活动方面都有良性的机制运作和投入。

公共艺术品的大量存在必然会影响人们的社会公共艺术价值观和审美观。虽朝代更迭、时空变化，社会尊崇艺术之风却未有改变。现代多元社会更是崇尚艺术的个性。这样的文化背景显然是现代公共艺术发展的优厚土壤。

欧洲毕竟历史艺术遗存太多，占据了大量的公共空间。公共艺术发展的空间和规模毕竟有限，同时也不可能以新的公共艺术品取代已有的历史上的公共艺术品，因此公共艺术的发展趋于饱和状态。

而作为新大陆的美国，移民文化的人文背景，地域广阔，两百年持续不断的城市发展使他们既保持了欧洲文化传统，同时又建立了新的城市文化形象，这方面公共艺术品成了优秀的角色，美国对公共艺术的急需以及巨大的经济力量和商业文化环境无疑使公共艺术的发展成长如鱼得水。因此公共艺术发展的又一高潮是在美国，在这里，新型公共艺术的想象与创造力得到最大的发挥。

公共艺术在美国真正成为一个现代城市、一个地域乃至国家的标志性艺术象征，如《总统山》、卡尔德的《芝加哥》、《弗拉明戈》等，象征新时代、新文化的大尺度的作品在美国比比皆是，对公共艺术的重视反映了作为新大陆国家树立文化形象的深刻需求。

美国在公共艺术上的成就催生了联邦艺术法即支持公共艺术百分比法案。

公共艺术是城市文化的重要部分，以至于需要法律来支持与保护它。这是城市文化与城市建设科学的结论，是人类文明发展的经验证明。

从西方公共艺术发展的经验来看，中国具备了相似的条件和背景。中国是个历史悠久、文化积淀深厚的国家，这成为公共艺术创作取之不尽的历史资源。中国有着与欧洲文明一样的尊重文化、尊重艺术的社会传统。

中国近现代中因各种原因被损毁的城市历史文化需要修复重建，城市千篇一律的形象需要改变，经济发展使城市化进程加速，需要公共艺术品作为新文化新形象来塑造自己。这构成了中国公共艺术发展的重要动力，这点和美国历史的某些阶段特点有些相似。

然而影响中国公共艺术生态健康发展的现状是成就很大、问题不少，综观几十年来（以城雕为例），做了成千上万，但值得传承的精品并不多，劣质城雕却到处可见。有相当多抄袭、模仿、雷同的作品，低手抄高手、高手抄国外（有些高手甚至身居学术要职），此地抄彼地的，形成这种风气的原因很复杂：

1.业主缺乏对公共艺术创作作品的价值判断，或者认为重复与抄袭本身并不重要，只要“好看”能美化装饰城市环境就行。

2.一些创作设计者本身对学术认知不清，或为利益驱使，放弃学术责任。

3.艺术批评队伍薄弱，评价与批评往往隔靴止痒、不得要领，难以切中弊端。

4.以公众满意和领导行政意志夸张或曲解所谓的艺术的“公共性”，而轻艺术创作本质与规律。

笔者以为公共艺术本身还是要解决好艺术的探索及创新问题，这可能也是公共艺术良性生态的根本问题。

现代公共艺术总体讲是西方艺术影响的产物，是中国人近百年来从技术手法到艺术形式不断学习和模仿的对象。我们在吸取西方艺术技巧的同时，没有完全重视这种创新精神（原创意识）。我们文化传统中似乎并不在意西方的那种原创精神，受文化思维的惯性影响而重视技术上的学习，但很多时候将技巧与艺术创作完全相混。

中国传统艺术的程式化特点很强，有程式化审美，自然就有其程式化的艺术批评和价值观。中国艺术中创新、创意、艺术个性的传统观念与西方大相径庭，其中的艺术个性及创新并不是衡量艺术水准的一个重要前提和标准。中国美学思想在影响着我们的判断，影响我们对创意创新与模仿抄袭、借鉴之间的理解。中国传统艺术的观念，大都在“相似”、“近似”或“似与不似之间妙味”的前提下评论的。这些评价的理念在现代一些公共艺术如城市雕塑上便不合适。例如亨利摩尔式的模仿作品在中国的公园里，因为它很像中国的山石之类的东西，于是便出现中国的张摩尔、李摩尔之类贻笑大方之事。同样，表现三国或水浒人物，如果雕塑作品像某些著名的中国画家的作品处理风格，那就不能说是完全的创作而是模仿，因为画家已经将造型提炼成为属于自己的风格艺术造型了。现代艺术家对公共环境与公众文化有着自己独特的视角，产生的作品往往有着很鲜明的作者风格甚至是个人标签式的，是独特而不可重复的，现代公共艺术作品如雕塑更不可以被别人模仿和挪用。

提倡公共艺术的艺术创新精神，其本身含义是广泛的，它并非仅仅强调艺术上只是出新招奇招，而是提倡艺术家的独立思考能力和创造能力，其中也包含对传统艺术风格的深度理解和精品意识等。创新精神还包含着反对以艺术名义的唯我独尊的搞视觉霸权和审美暴力等危害公共环境与公众情感的倾向与行为。公共艺术毕竟不是艺术家个人的私有作品，它本身有着尊重公众情感、尊重公众环境，传承文明和传播文化的使命。

公共艺术的自身发展规律也证明，艺术家的探索及不竭的创新精神起着极大的推动作用。自20世纪初，西方（先是在架上取得成果）现代主义艺术运动产生了许多艺术流派，对公共艺术尤其是城市雕塑产生了极大的影响。例如毕加索的立体主义促进了雕塑造型从传统单纯的以人物为母体的题材中解放出来，在雕塑的体量感的表现手法中运用了造型中平面几何以及建筑块面感的分析，从而丰富与拓展了雕塑的形式语言和表现风格。在他的立体主义影响下的构成主义和结构主义的研究实验上，发展了金属焊接雕塑，并成为现代雕塑的重要品种，它的理念强调雕塑首先是“空间的艺术而非体量至上的雕塑”。这对后来室外雕塑中形式语言的解放起了很大的作用，金属材料科学的不断进步，使金属焊接的理念与时俱进，由此成为公共艺术中最常采用的手法之一，并产生出像美国卡尔德风格为代表的大型作品，成为公共艺术的经典范例。在我国则常常使用锻制不锈钢或锻铜作品用于解决大跨度、大空间的造型风格作品。

结构主义、综合立体主义艺术，在雕塑的非永久性材料的美学研究和使用上，扩展了雕塑的自由性。“材料即语言”的观念则是该风格最准确的解释，超现实主义的大师米罗则在雕塑语言的色彩上作出大胆尝试，也是绘画与雕塑的一种结合。

构成主义还影响了机械主义雕塑和雕塑装配艺术，强调机器是充满诗意的艺术。充满着工业文明印记的这类雕塑在欧洲经常可以看到。未来主义雕塑则对雕塑的运动美学有进一步拓展。

超现实主义、达达主义以及波普艺术的实践在雕塑题材方面远离雕塑所擅长的纪念性和崇高性的传统，变得更贴近个人精神和普通生活。毕加索后期的自由艺术，对整个现代艺术起了巨大的示范作用，雕塑风格和形式极大地得到扩展。

包豪斯艺术也影响了现代主义后期的极简艺术风格，产生出一大批极简约的现代工业美学风格的大型城市公共艺术。光效应艺术、光雕塑、运动雕塑出现后直接展现的是艺术与科学和工程的嫁接的艺术形式，并为公共艺术中的实用艺术类型发展带来启发。场所艺术和环境艺术的出现已经将雕塑视作一个元素，与已有空间的其他客观存在的条件共同构成一个空间作品，大地艺术亦属此例。

亨利摩尔和贾科梅蒂在空间幻觉的制造上贡献巨大。亨利摩尔探索在雕塑的体量上制造通透的空洞，延伸和扩大空间感从而增加体量的张力。贾氏的蜡烛一样的小人物形象，反证出另一个虚空间感的存在，有限的物理量却产生大空间感。他与亨利摩尔一样都是雕塑空间意境的营造大师。

而后现代主义大师杜桑宣称，“艺术和一件艺术作品从根本上讲是艺术家的思想，而非作为有形的实物的绘画和雕塑，艺术是一种概念”。艺术家不必遵循什么样式。概念是重要的，千百个艺术家就有千百个概念，千百个艺术是不同的，这即所谓的概念艺术。杜桑比毕加索走得更远，否定造型的意义都不存在了。我们今天说的艺术原创和创意的价值意义从他这里得到最大激励。

概念艺术又影响了具有符号学和语言学特点的艺术，新的结构主义艺术、大地艺术、行为艺术、媒体艺术，彼此融合、互动、综合，从而使新艺术、新可能、新观念加速出现，并影响着公共艺术。

发展中的这些艺术流派、理念、风格在它们完成了作为室内架上艺术的探索之后都是或差不多同时走向室外而成为公共艺术。尤其是像毕加索等大师级艺术家的介入，对公共艺术的概念的确立和推动，影响甚巨。如今我们到处可见的西方各个时期的现代公共艺术品，不能不联想起它发端于那个充满创造力的时代和那些艺术家。

艺术探索与创新给公共艺术带来巨大的变革，今天的公共艺术如果仍处在早年传统的模式里是难以想象的。这里我们还想用两个极端案例探索公共艺术传统与现代的观念的异同。

《布鲁塞尔的小便童子》是个著名的户外纪念性雕塑，其中的故事是名叫于连的小男孩撒尿浇灭了敌方炸药的导火索，从而解救了城市的故事。布鲁塞尔人民以他的故事形象建造了一座纪念铜像，并封他为“布鲁塞尔第一公民”，成为一个城市的象征。雕塑以小于连撒尿的形象吸引着世界各地人们来瞻仰这位有趣的小男孩。雕塑造型运用古典写实技巧塑造了真实、生动、可爱的形象，得到了人们真正的喜爱，小男孩雕塑几乎与真人大小相当，与其所在的古典建筑环境一起诠释了城市古典公共艺术的经典特征。

另一个案例是，美国现代艺术家约翰·克里斯朵夫夫妇的作品《雨伞》，该作品由数千把大型的雨伞构成，分黄蓝二色分别置于美国和日本。蓝伞设置在日本的稻田、山溪间与安静劳作的日本农民相伴。黄伞则设置在美国加尼佛尼亚的一个山谷中，与万名好奇的参观者构成奇观。该作品完全没有传统尺度概念，无法一览全貌，因为中间有太平洋相隔，无法在一次性时间里去观赏作品全貌。这与一望即知的《小男孩》雕像标志性印象的对比，其功能、目的效果完全不同。但作品通过伞与雨这自然联想统一起作品的全貌，黄、蓝两原色凝聚了人们的符号意识，作品的人文诗意和巨大的时空跨越产生了视觉与想象的冲击力。这里作品不是在讲一个故事，也不是强调装饰环境效果，而是在创造一个人们从不可能有过的视觉经验，文化诗意，地域及文化差异通过作品得到调和，以视觉哲学来阐释文化。

这是两个极端的又具有代表性的案例，对比异同，我们基本上可看出： 两个案例的共同性是作品都是要面对公众，解决与公共环境的关系。《布鲁塞尔的小便童》面对绵绵不断的历史人群和现代游人，《雨伞》作为一个短暂存在的作品，面对有限时间里的观众。

两件作品都有与观众人群精神交流互动的公共特征。在作品的公共人文精神内涵上，《布鲁塞尔的小便童》反映的是人们保卫家园的智慧，叙述的是一个公共传说的故事；《雨伞》是作者个人观念，反映出宏观的现代跨文化、跨境域人文思考，两者都具公共性要素。

这两件作品的差异是：《布鲁塞尔的小便童》是最常见、最典型的传统雕塑，形神兼备，准确生动表现出故事规定的情节，符合公众对这故事的理解，贴近公众的基本的审美习惯；符合与传统环境、建筑配置要求。这就是造型类（从传统造型和传统材料）的城市雕塑，这种模式作品仍然是今天我国城市公共艺术中的主力，专业界的学术指标和技术指标评价也趋于相同。这类作品并不像现代艺术中要强调独创、原创、个人风格。它们彼此雷同相像，并不是很重要，被看得很重要的往往是技巧，以至于有时候作品作者的名字都会被忽略，这在现代艺术中是不可想象的。

《雨伞》是现代作品，是观念性很强的大地艺术风格。它不是造型概念的作品，没有政府及公众的预设要求，是一件没有模式来源的艺术，是作者个人化与公共环境的结合；是创造独立标签的艺术样式，是不可重复与复制的艺术。

《布鲁塞尔的小便童》内容和形式是彻头彻尾的雕塑，放在公共环境中可以说是城市雕塑、公共雕塑，放在室内则可以说是架上雕塑。这类作品的制作过程，有雕、有塑、有刻。从名词到动词的意义均可说是雕塑。

而《雨伞》则不能说是雕塑，因为它没有雕的过程，也无塑的技术要求，非永久性材料。只有立体、占领空间特征与雕塑的要素有些联系。如果要说是雕塑的话，那么在这里“雕塑”是动词，就是立体地去呈现的行动过程。对于这类艺术的概念界定，称为公共空间中的艺术品更为确切。

两个案例类型差异巨大，甚至不具可比性，一个是具有公共艺术共性的艺术，另一个则是公共艺术个性的艺术，反映了模式化的艺术和原创性的艺术在面对公众和环境时的不同作为。两个案例似乎站在艺术历史发展中不同的节点上，阅历了其中发生了那么多的艺术运动，产生了那么多的流派和风格，艺术世界已是沧海桑田的变化，其中却反映着一种历史的必然。

研究公共艺术发展的经验，营造公共艺术良性生态，提倡艺术的创造性、包容性和多元性，公共艺术的繁荣时代是可以期待的。

艺术何以公共

○包　林

清华大学美术学院副院长、绘画系主任，教授、博士生导师，清华大学美术学院研究所所长。

艺术本不公共，它是与个人兴趣爱好有关的东西，但在社会群体中被赋予了普遍性的内容，无论是诗歌绘画还是建筑雕塑，在社会历史的变迁中都被礼仪化和宗教化了，艺术家也逐渐学会了用别人的眼睛来看待自己创作的作品。老子讲授艺从礼乐，柏拉图讲授艺从道德，而到了西方现代艺术思想的奠基人尼采，则悲叹艺术已经丧失了生命本体的意义，再也不是“酒神”诗意迷狂的家园。历史上艺术作为人类精神的一种表现方式，在哲学家的眼光中，总是不断地徘徊于生命个体与群体之间，可以说艺术在作为个体的兴趣爱好时是自在自为的，而艺术在作为社会群体的语言时则逐渐演变为一种集体性的潜规则。

事实上，一切人类活动都要受到社会潜规则的制约，即人必须共同生活在一起。一旦超出了群体的范围，人的行动便具有了叛逆的意味。古代哲学家们早就认识到了唯有行动是人类的特权，但也唯有行动必须依赖于其他人的恒久在场。并非孔子、柏拉图没有看到人不能离群索居这个事实，而是他们根本就没有把这个事实列为人类独有的特征，恰恰相反，群居是人类作为社会性动物的一个必要条件，正因为如此，离群索居就不能成为人的某种根本性东西。人类天然的、仅仅具有社会属性的“伙伴”关系被先哲们反复地强调，这是由于他们认识到人与其他动物一样，生存的局限性至少需要共同营造一个具有生产性、制约性及互利性的生活场所。

中国的儒家思想与古希腊的思想虽然都强调人的社会属性，但孔子强调的是以家庭为轴心推演出来的社会关系，而柏拉图则看到了社会的组织结构与家庭关系的直接对立。古希腊城邦的兴起意味着人除了自己的私人生活之外，还必须接受第二种生活，即社会生活。这两种生活秩序在孔子看来可能没有多大差别，但在古希腊人眼中则存在着截然的区别，他们认为，在人类共同体的所有必要的活动中，只有两种活动才是社会性的（在古希腊的思想中社会性亦即政治性），一是行动，二是言语，它们形成了人类社会公共事务的领域。

无疑，伴随着城市的兴起，人类的这两种能力得到了长足的发展，行动与言语相辅相成，它们彼此平等，相互撮合。最为根本的是，行动之所以成为公共的，关键在于行动在恰当的时刻找到了恰当的言辞，而单纯的行动不可能在公共的场所达至合法。在中国古代的诸子百家和古希腊的诸学派中，教育之所以兴旺发达，据说关键在于兵法（权术）和演讲术（修辞术）最受欢迎，也最具有适时的合法性。

行动和言语是我们理解公共领域得以产生的关键，但严格来说，公共领域的形成是一个晚近的现象，它是在现代国家对私人生活领域作出了法律限定之后所产生的具有特定内涵的专有领域。公共领域与私人领域的区别在于，私人领域专指个体或家庭内部的场所，那是一个包含了个人色彩和个人隐私（包括传宗接代）的专有领地；而公共领域特指社会场所，仅仅是由不同身份、不同职业、不同性别和不同年龄但“平等的人”组成，然而“平等的人”都必须在承担一定的法定义务的同时，通过在这一领域中的成就来证明自己是有价值的或是出类拔萃的，这是人在社会群体中相互区别，唯一的、不可替代的证明场所。因而“公共”（Public）一词只与现代民主政体相对应，而以往社会中的“黎民”或“臣民”则只能与皇权相对应，拥有皇权的人无时无刻不在展现自己，他并不在意哪些是私人的，哪些是公共的。即便是现代的君主立宪制国家，也是主权在民的前提条件下，公共领域才可能成为公众的行为和言语的法定场所。

与当年的行吟诗人或云游画家相比，在这样的公共领域做艺术的事情难免在行为和言语上有一定的遵从性，因为“公共性”在一定意义上包含了一种平等、参与、互动、共享、共有、共同遵守某一经大多数社会公众认可的游戏规则，这一规则不是自上而下的权力意志的产物，也不仅仅是法规的强制性力量，而是一种现代社会在共同的文化价值观上形成的一套潜规则。有人将石窟、纪念碑、寺庙、教堂等场所视作公共艺术的滥觞，实际上那只是君主制度或神权制度的衍生物，我们不妨将其看作是一定的群体在一定的时期具有普遍性价值取向的象征性场所，因为社会对它们的审视从来都不是纯美学性的，换句话说，这些场所充满了对社会对人的行为和言语的种种限定性预期。

那么，艺术何以要成为公共的？如果理解了上面所说公共领域是社会人唯一的活动场所，那么可以说在广义上我们理解了当今为什么要宣扬公共的艺术。尽管艺术的魅力有些时候是要在它隐藏起来才能感悟到，事实上所有的艺术家都渴望成为一名公共的艺术家，正如尼采所言，我们所从事的艺术都是一种需要证人的艺术，而独白，这种比较诗意的形式，往往被看作是脱离场所规则的痴人梦语。为此我们可以细心考察艺术何以成为公共的途径，在此至少我们可以归纳出两种。

一种途径是由艺术品本身具有特定的内涵和形式而被公众通过各种媒体逐步认知和欣赏：某件美术作品经过展览、获奖、出版，具有了很好的“社会效益”，进而被研究、评论、收藏、拍卖，最后进入美术史行列而永垂。例如达·芬奇的《蒙娜丽莎》本不是为公众所作，而今却越来越成为公众的情人：蒙娜丽莎走上了T恤衫、挂历，甚至还戴上了墨镜、蓄上了仁丹胡……“神秘的微笑”被如此大量复制和篡改，搞得古典艺术一点也不神秘，但很公共，雅俗共赏。可以说任何在当代具有公众认知度的作品在一定程度上都算得上是公共艺术品，艺术家因此获得了认证，这些作品已经具备公共、公开、公享的属性，至少因为它们大部分被陈列在用公众纳税的钱来修建的公共博物馆或美术馆，至少因为它们已经被现代科技和商业文明产业化、大众化、进而被符号化，成为大众文化的一员，这大概是“架上”或“桌上”艺术家们生产艺术品最为理想的归宿。

另一种途径是艺术创作开始就为某一特定场所而作，艺术家充分考虑到公众的认同感和归属感，期望通过作品与公众产生互动，期望把我们的注意力从结构完善的、正式观看的场所引离出来，如美术馆、博物馆或艺术画廊等，引向日常公共生活的各个空间。这样的艺术行动在本质上与艺术家个体单向主观型的价值取向有所不同，这种行动在本质上讲应该是一种设计行为，因为这种方式更需考虑环境因素、地域特点乃至受众心理，更需要艺术家的沟通本领。

我们今天所讨论的是经第二种途径所产生的具有“公共性”的艺术，它首先是为社会公众、为公共的场所、为一定之规的艺术。公共艺术在政府官员看来不仅可以提升城市的文化品位，同时也是刷新政绩的突破口；而公共艺术在老百姓看来是当家做主、参政议政、具有投票权的民主形式，老百姓未必欣赏艺术家耸人听闻的怪异表现，但一定欣赏喜闻乐见的形式。对艺术家而言，假如选择了这一条相对直截了当的途径，那么就得在创作中考虑受众，考虑语境，考虑与周边环境的关系；那么无论是雕塑还是壁画，无论是绿荫还是喷泉，无论是休息椅还是垃圾箱，艺术都会变成一个具有公益性的景观系统工程，在其中，甲方是投资部门和纳税公众，乙方是你，一个期望得到证明和掌声的艺术家。

公共领域从而是公共艺术得以产生的前提条件，在公共领域中，各方竭尽所能，大家各取所需，艺术得以公共，利益得以共享。我再从以下三个方面予以概括：其一，公共领域不但为各色人等提供了“平等的”竞争场所，同时也为不善竞争的艺术家们提供了直接展现的舞台。艺术成为公共的第二条途径有利于疏通在第一条途径中堵塞的众多艺术殉道者们，公共领域虽然唯一，但要证明自己的方法仍然很多，例如平和的公共性艺术设计，至少可以减少媒体这一中间环节的成本消耗。其二，艺术成为公共的第二条途径还有利于提升政府官员的基本素质。建设公共设施历来是政府部门的事情，但是往往权力只与政绩有关，决策上并不考虑审美，审美也并不是政府行为，只有在认识到公共艺术与城市形象的提升和旅游经济的增长等有着密切的内在联系以后，艺术才会成为政府的一种理性投资行为。其三，艺术成为公共的第二条途径还有利于确立公众的主体地位，使自上而下的权力运作获得一定的透明度。既然艺术作品设置于公共场所，对社会公众开放和被其享用，艺术创作的提案、审议、修改、制作及设立等实施过程，应由社会公众及其代表共同参与和民主决策，以此体现社会公众对公共场所的精神愿望、有关权力的授予和行使过程的监察，即体现其“公共性”的重要内涵——合法性。

在此，我已试图说明艺术何以公共的理论依据和现实意义，关于公共艺术的话题随着我国城市建设的进程将会越来越多，为此本人将公共艺术的基本概念斗胆描述于后，用于抛砖引玉：

所谓公共艺术（Public Art）不是某种风格或流派，也不是某种单一的艺术样式。无论艺术以何种物质载体表现或以何种语言传递，它首先是特指艺术的一种社会和文化价值取向，这种价值取向是以艺术为社会公众服务作为前提，通过艺术家按照一定的参与程序来创作融合于特定公共环境的艺术作品，并以此来提升、陶冶或丰富公众的视觉审美经验的艺术。公共艺术的表现形式、承载的功能和材料的运用各不相同，但其“公共性”则具有显著的一致性，“公共性”的体现包含了征集、管理和运用公共经费，选择或参与规划一定的公共场所，充分考虑相关受众的审美诉求，通过一定的决策程序，最终能够利用适当的媒材，创造出在公众生活中具有同一价值取向的艺术作品的一整套运作机制。

粤D·5604

『此时』·『此地』·『我们的』『公共』·『艺术』

○ 何兆基

博士，香港艺术学院学术总监，艺术家。

内容摘要:

在当代艺术的领域里，公共艺术一直是个具争议性的课题。单从字面上看，“公共艺术”至少涉及两个在一定范围内互相重叠，但同时又互相抵触的概念——“公共”与“艺术”（Public and Art）。要进一步探讨当代公共艺术的各种可能性，有必要先对这两个基本概念及其错纵关系稍作论述，尽管，这样的论述角度其实并不新鲜。

“并不新鲜”，皆因过去几十年欧美地区在公共艺术的讨论与实践中，已对相关理念进行了颇为细致的考察，亦发表了大量的研究成果并制定了相配合的文化政策。只是，“公共”与“艺术”两个概念在不同时间、不同地域仍可有不一样的诠释，两个概念在不同文化情境下的碰撞交织，仍能有新的论说，故此，在思考“此时”、“此地”公共艺术的发展时，这仍不失为一个可取的切入点。

关键词: 公共　艺术　公共艺术

先说“艺术”

在20世纪的百年里，“艺术”经历了比以往任何时期都要急剧的变化，当中，媒介的解放显然是重要一环，它扭转了过往以手艺为核心的表达方式，同时促成了当代艺术着重观念探索的发展方向。回顾20世纪的西方艺术流变，达达主义（Dadaism）、极限主义（Minimalism）、概念艺术（Conceptual Art）、波普艺术（Pop Art）、偶发艺术（Happening）等等，在五花八门的名目之下，“艺术”再没有什么不可能，只是，也难有客观评述的标准。

形式博杂纷陈固然造就了当代艺术丰富多姿的面相，但人言人殊又难免令观者觉得无所适从。对普罗大众来说，带有相当批判意味，甚至被认为是离经叛道的当代艺术，就更是遥不可及。另一方面，透过策展、评论以至艺术市场等机制，当代艺术又形构了自成体系的专业范畴，并逐渐奠定了自身的权威性，艺术建制被不断强化，艺术家的个人创造力被过分渲染，令当代艺术与常民生活相距更远，甚至变得可望而不可即。不难发现，专业与普及之间，已存在一道明显的断层。

再说“公共”

同样在20世纪的百年里，“公共”的概念随着民主意识的扩展而不断延伸，在民主社会中，普罗大众对各项公共事务有更多的发言权，并能透过不同的民间组织；利用大众传媒的力量，对公共政策的制定与推行产生一定影响。公共领域的进一步开放和普及，意味着公众更自觉于本身的社会权益与义务，亦有更积极的参与。 可是，所谓公众，仍是由无数的独立个体组成，而个人意向与普遍价值之间，亦常有差距。在成熟的民主社会里，这些差距可通过协商而达到最后共识，但这往往是个漫长的争议过程。在范围极广的公共领域中，对公共空间的相关讨论尤其凸显这方面的冲突。毕竟，空间装载着生活中的大小情节，穿透于“个人”与“公共”之间，它同时涉及自由与规范。

且说“公共艺术”

“公共艺术”周旋于“公共”与“艺术”两个复杂多变的概念之中，它的争议与歧义是可以想象的。它既要在专业层面肯定艺术创作的独特性；又要在公共领域照顾社会大众的普遍意愿；当中更牵连到公共空间以及其他社会资源的规划和运用，能否在这几方面取得平衡，成为公共艺术成败的关键。

1982年，波依斯（Joseph Beuys）在德国小镇卡素（Kassel）为第七届档展开始“七千棵橡树”（7000 Oaks）计划，自他植下第一棵树起，计划历时五年，至1987年第八届档展揭幕时由他的儿子植下最后一棵树告终（Joseph Beuys于1986年离世）。其间，计划得到公众的积极参予，当地的学校、小区组织可以就植树的地点提出建议；学生及其他民众会帮忙植树，对波依斯来说，每棵树就是一座纪念碑(树旁会竖立一段石柱），树木在大家的生活空间中出现及不断成长，渐渐亦成为公众的集体经验，成为生活的一部分。

“七千棵橡树”计划被誉为20世纪公共艺术的经典范例实非偶然。首先，波依斯作为艺术家的个人魅力与影响力毋容置疑；档展亦能代表当代艺术建制的最高标准；作品本身更有一定的社会批判意味，它基本上符合了20世纪艺术专业范畴内对艺术创作的所有要求。其次，该计划历时超过五年，之后更在现实的生活空间延续它作为公众集体经验的一部份，其间，或直接或间接参予这一公共事件的个人与团体不计其数。可以想象，在整个过程中，艺术家、当地民众、小区组织、文件展的筹办单位、不同的政府部门、赞助人或赞助机构以至参与计划的工作人员之间，必然经过长时间、多维度的沟通与协调，最后才能达至共识。沟通与协调自然是费时费力的，但这亦是公共艺术的意义所在，它正好填补当代艺术专业与普及之间的断层，更有望将艺术重新纳入常民生活之中。

以上的例子可以说明，公共艺术不单是摆放在公众地方的艺术品，透过公众不同形式的参与，它往往能呈现一时一地的人文素质与生活情状，并在更深层面反映普罗大众对生存环境的关注。事实上，在一些公共艺术发展相对成熟的地方，人们亦对自身公民身份（Citizenship）有较强的自觉。通过对公共艺术的不断讨论、实践以至争议，它同时展现一个公民社会的进化过程。

公共艺术与都市发展

在两岸三地的华人社会里，公共艺术以至公共领域的发展，起步都较欧美社会晚。直至20世纪中后期，三地先后出现大规模的城市化建设，几十年来，种种伴随都市发展而来的社会情状，成为世纪之交三地文化界深入探讨公共艺术的契机，讨论的焦点，亦多着眼于公共艺术与都市发展的关系。

近年来，世界各地流行以城市品牌作为提升地区竞争力的策略，香港特区政府就以“创地标，显文化，添悠闲”作为一个大型文娱艺术区计划的口号。在这样的思维引领之下，可以预期，这个城市将陆续有地标式的文化艺术硬件相继落成，艺术界对公共艺术（特别是以户外大型雕塑形式出现的公共艺术）是否会乘势而兴都在议论纷纷，摩拳擦掌、翘首以待者亦不在少数。一时间，“公共艺术”看似一片繁花似锦，前程无限。

只是，严格来说，公共艺术在香港还未扎根，遑论开花结果；至于能否大兴大盛、惠及久旱的艺术生态，就更属后话。扎根，包括理论的探讨、政策的制定以至具体执行时的种种条件配合，这都需要长时间累积而不可能一蹴而就。

香港旺角区大型商场朗豪坊外设置的巨大户外雕塑。朗豪坊位于旺角砵兰街，该区普遍被认为是龙蛇混集之地，色情场所、麻雀赌馆云集，是很多香港黑社会电影的热门外景场地。在思考Malcolm Miles的论点时，我的脑海确是多次浮现出朗豪坊户外雕塑与其外围砵兰街的交错景象。

在公共艺术行之有年的西方社会，这方面的论说已累积了相当丰硕的成果，其中，Malcolm Miles的*Art, Space and the Society - Public Art and Urban Futures*无疑是很具参考价值的读本。作者在书中特别有一章论及都市开发中的艺术（Art in Urban Development），指出在实践公共艺术时若没有一个批判与道德伦理的架构以作配合 （The absence of a critical and ethical framework），则公共艺术大有可能成为促使都市病态发展的同谋共犯 （Complicity in urban disease）。

Miles的论点建基于这样的观察：在政府与私人财团的主导下，都市开发成为委约制作公共艺术品的主要市场，设置公共艺术，亦被视为创造“更美好世界”（Better World）的手段。但通过这些手段而塑造出来的城市表征，往往只反映政府或财团单一的文化取向，是对既存小区相当不利的导向型开发模式，容易造成社会分化。况且，围绕着新开发区的，常常是一些在小区开发中沾不上“好处”的边沿地区，而这些地区就只有更进一步被边沿化。此外，在小区开发的过程中，主事者惯常引进具国际化现代主义风格的作品，艺术纯以艺术为目的“Art for Art Sake”，似乎要刻意淡化原来破落小区的记忆，以塑造成优质的中产生活环境（Malcolm Miles用了“Gentrification”这个词），最终目的不过为了提高开发区房地产的价值。

Malcolm Miles的想法是否过于偏激是见仁见智，但环顾当前华人社会的公共艺术发展，绝大部分的资源仍集中于伴随房地产开发而来的地标式户外雕塑，这样的观点无疑是当头棒喝。

台湾自1992年起效法欧美国家公共艺术百分比（Percent for Art）的做法，颁布《文化艺术奖助条例》，规定公营建筑及重大公共工程要以建造经费的百分之一购置艺术品，在充裕资金带动之下，正式开始了台湾公共艺术的年代。经历了十多年的发展，台湾公共艺术由初期着意于公共地点放置艺术作品，到近年积极鼓励民众在公共艺术议题、政策以至创作层面有更多参与，基本上是朝着多元且贴近常民生活的方向进发。然而，这个发展轨迹亦是在跌跌碰碰中逐渐形成的。在1999年至2000年龙应台出任台北市文化局长期间，她就提出了“减的美学”，全面检视台北地区现存于公共空间的800多件艺术作品，其中与环境格格不入、对景观只有减分效果的，就予以取代。

与台湾近年公共艺术发展的方向并行，台湾文建会于2004年间进一步倡议推行“公民美学运动”，作为“提升生活美学品位”、“健全艺文生态”、“凝聚小区认同”以及“培养公民意识”的一项重要措施。不可否认，台湾的公共艺术发展，与其民主化进程有直接关系。

在中国大陆，自改革开放以来，大规模的城市建设亦造就了不计其数、以公共艺术之名而出现的城市景观雕塑。由历史人物或反映城市生活的写实塑像，到抽象风格的大型环境雕塑，设置在公共地点的作品于每个城市的大街小巷随处可见，当中有没有龙应台所谓“对景观只有减分效果”的作品，看来也是一个值得探讨的课题。

在2003年第五届深圳国际当代雕塑展中，策展人侯瀚如就以“后规划时代的公共艺术”为题，对当今中国大陆流行的公共艺术形式予以颠覆，但吊诡的是，该展览于深圳华侨城展出，而华侨城作为深圳近年开发的优化住宅小区，提倡“以文化营造环境，以环境创造效益”，又不禁令人联想到Malcolm Miles“借公共艺术塑造优质的中产生活环境，最终目的是为了提高开发区房地产的价值”的观点。

此时此地，我们需要怎样的公共艺术

综观两岸三地的公共艺术现况，“此时此地，我们需要怎样的公共艺术”仍不是一个容易处理的课题，更不可能有一个简单的答案，它关乎我们对公民社会的理解与诠释，需要持续不断的探讨与修正。

然而，在这个课题中，有几点值得我们特别留心：

“此时”，指涉时代意义，要兼具回顾与前瞻的视野。

“此地”，关系小区特质，但本土与国际亦当互为参照，不失包容开放。

“我们的”，反映社会上每个人对其公民身份的自觉与认同，当中包含了权利和义务。

“公共艺术”(或“公共”、“艺术”)，因同时涉及公共领域的讨论与每个独立个体的美感经验，借着私人与公众双重身份的互动，理应更有助于塑造一个和谐社会。

这或可构建成一个Malcolm Miles所谓的“批判与道德伦理的架构”，以审察当前公共艺术的发展。

拓展的空间与扩延的话语

——当代公共艺术研究动态扫描

○ 黄宗贤

四川大学艺术学院博士生导师。

○ 赵志红

四川大学文学与新闻学院文艺学博士生。

内容摘要:

公共艺术在当今艺术界，已经成为一个非常凸显的概念和备受关注的领域，对其研究视向与方法，也显得纷繁庞杂。本文通过国内外对这一艺术领域研究现状的审视与分析，试图廓清公共艺术研究的视向、方法论的运用以及话语的发展态势，并由此加深我们对公共艺术和公共艺术研究话语空间复杂性的认识。

关键词: 公共艺术　概念　方法　话语

当今艺术界，公共艺术正以强势的劲头向前推进，不少国家各级政府公共艺术计划百分比在不断增加，各种各样的公共艺术项目竞标十分活跃，不少以“公共艺术”为名目的艺术创作活动也频繁开展，一些从事雕塑、壁画、装置、景观等视觉艺术门类创作或设计的艺术家，也十分乐意把自己称为公共艺术家。“公共艺术”已经成为异常凸显的一个概念和备受关注的领域。

面对席卷而来的公共艺术浪潮，学术界对其理论关注与研究的热情也与日俱增。自20世纪80年代末，当代公共艺术以理论的形态进入公众视野以来[1]，一些关于公共艺术研究的文章和专著陆续发表与出版。但是，由于公共艺术计划的制订与实施并非由艺术家个体所定，而是涉及诸多社会因素，还有就是“公共艺术”这一概念内涵的模糊性与流变性，再加之没有被广泛认可的独立的流派传承，因而，与充满活力的公共艺术实践领域相比，对公共艺术的理论研究与批评，依然显得步履维艰。对于这种现象，一方面有学者感慨要评判公共艺术的成功与否是很困难的[2]；另一方面，“公共艺术”对理论家和批评家来说又充满着巨大的诱惑力，正如哈里特·西奈所说：“我们需要当代公共艺术的评论史，我们需要有关建筑、艺术、装饰关系变化的分析，我们需要对当下公共艺术赞助以及公众在公共艺术中的角色的社会政治学研究，我们需要运用批评的话语来讨论公共艺术地点的设置和公共艺术的不同形式。”[3]公共艺术尤如一个巨大的容器，不同的学者从不同的角度和层面把自己对公共艺术的理解和问题的讨论注入其中，因而人言人殊，莫衷一是。尽管，对于公共艺术的研究显得纷繁庞杂，但是，从众多的公共艺术文献中，我们依然能够梳理出当代公共艺术的研究态势和话语走向，通过对当代公共艺术研究状态扫描与分析，有助于我们对公共艺术和公共艺术研究的当下意义与价值认识的深化。

研究对象：从杂多趋于单一

不少学者认为当代公共艺术概念的出现是在20世纪60年代左右，那时一些艺术家不满于博物馆制度，将他们的作品放在博物馆之外进行展出，为了将其作品与放置在博物馆内的作品进行区分，因此他们的作品被称为“公共艺术”，显然，这一时期的公共艺术指的是物理空间下的艺术形式。[4]也有一些学者将当代公共艺术概念的起源追溯到20世纪二三十年代的墨西哥壁画运动和美国罗斯福艺术新政，因为在民族精神和国家意志的感召下，这些艺术活动更具有政策性和公共性，对后来的公共艺术进程的发展产生了巨大的影响。[5]当然，学者们尤其关注的是20世纪80年代以来公共艺术的时代意义和社会价值。在公共艺术概念及发展里程的探寻与审视中，我们看到不同时期不同背景下公共艺术的内涵与功能是不同的，显示出其动态性和多义性特征。迄今学术界对公共艺术的界定仍然是众说纷纭，因而最近出版的牛津艺术词典为了谨慎而为，没有将“Public Art”收入其中。[6]

的确，要给公共艺术一个确切的概念异常困难。因为在“艺术”的概念还存有争议的今天，在其前面嵌入“公共”一词，从修辞学的理论来说本身充满着矛盾。长期以来，特别是现代主义艺术兴起之后，“艺术”被视为是个体情感的肆意表达，是艺术家心灵轨迹和视觉经验的外化形式，艺术的创作过程也就是艺术家彰显自我的过程。同样的，欣赏艺术本身也是个体的行为。从创作者和观赏者的角度来说，艺术是否具有“公共性”是被质疑的。如果在“艺术”前加上“公共”一词，不仅是对长期以来人们对艺术固有观念的改变，也是对艺术家个体意义或者说艺术家在艺术创作过程中主体地位的诘问。

然而，这一困境并没有消解人们为公共艺术做界定的热情，一些学者和艺术研究者或管理机构依然按照他们的理解，试图为不同于私密性空间的艺术和纯个体创作的公共艺术划定界限。英国伦敦政府和建筑建设环境委员会（Commission for Architecture and the Built Environment，简称CABE）把公共艺术限定为：“对大众而言是永久性或临时性的视觉艺术品，它既可是建筑物的一部分，又可是独立的一个实体，包括雕塑、照明、街头成设、栏杆和标志。”[7] 在此规约下英国强调了公共艺术必须具备的三个条件：一是作品要有创造性，由专职艺术家或工匠创作的；二是对公众而言是视觉上可见的；三是放置在街头或公园这些公共领域中或者融入建筑设计或空间中的作品。在2003年英国的克罗里登城市规划（Corydon Plan）中进一步强调公共艺术不单只是涉及纪念性的雕塑，而应是艺术家的观念及作品融入建筑物和自然环境相协调的综合表现。[8]

新西兰奥克兰城市（Auckland）在制定面向2020年的公共艺术政策和指导的报告中，对公共艺术下了更为宽泛的定义："凡是艺术家创作的，发生于公共空间，具有公共性的永久性或临时性作品。"[9]这里，不仅指特定安放的艺术品，也包含了在公共空间临时性展示、展演的艺术品和艺术行为。依照这种解释，就是在社区共同空间中呈现的视觉艺术形态和行为也可被视为公共艺术。一般说来，政府作为城市的管理主体，总是力图将公共艺术的范围扩展，以便有利于城市改造和美化计划的实施。就从现有的公共艺术的定义而言，当代公共艺术的研究对象是非常宽泛的，它既指那些在公共空间中的传统雕塑、壁画、具有艺术感的建筑物、街头的灯光和成设、呈现于自然中的大地艺术、为装点节日的临时作品等这类以材质为媒介的视觉艺术，也包括在室外进行的舞蹈、表演、行为艺术、节日庆典等强调过程性的表演艺术。甚至在科技与艺术互动的今天，音像艺术、网络艺术也成为公共艺术的研究对象。这种包罗万象的公共艺术"就像一把大伞囊括了在博物馆和画廊外的所有艺术"[10]。

事实上，学术界对于当代公共艺术的关注与研究，从一开始就主要集中于公共空间中的视觉艺术，尤其是雕塑和壁画等以材质为媒介的视觉艺术，而很少涉及表演性的艺术。香港大学文化政策研究中心的许焯权博士受香港艺术发展局的委约，在2003年的公共艺术研究报告中对这一现象，作了这样的解释："我们倾向提出多方面的见解，在研究艺术范畴内包括视觉及表演艺术，甚至包括最新兴或其他新形式的概念艺术，这些艺术形式通常都不能用媒体或类别去区分；然而当我们进一步对其进行研究时，我们发现实际上在公共艺术的范畴上已有一定的共识，认为公共艺术通常是指视觉艺术，而表演艺术却没有包括在一般'公共艺术'的分类内，此现象可以从管理及资源方面清楚理解；表演艺术通常都有完善的计划安排并由行政架构管理，视觉艺术于公共资助方面却相对地被忽略。因此，视觉艺术在国际艺术政策及议程中愈来愈受重视。"[11]

尽管在全球范围内视觉艺术与表演艺术在获得赞助和拨款方面存在不平衡现象，但这并不是视觉艺术应该成为公共艺术研究对象的主要缘由。当代公共艺术在研究对象上之所以集中于视觉造型艺术，尤其是城市重要公共空间中的造型艺术，这与城市再生有着密切的关联。正如乔安妮·夏普（Joanne Sharp）在《这样的艺术只适用于这样的城市》一文中写道："公共艺术，并不仅仅限于视觉表现，也可以通过音景（Sounds Capes）和抽象的空间，比如说因特网、电视来表现，以及名胜古迹所呈现的物质空间样态。然而，当我们将艺术与都市再生相提并论时，我们的焦点无疑集中在视觉艺术。因为那些令人瞩目的视觉艺术总与都市再生紧密相联，然而这种选择也并不是简单地由都市外在空间决定，而是因为视觉艺术与所有权观念、身份认同感以及空间创造观念方面有着内在的联系。"[12]

视觉艺术之所以能在众多艺术形式中成为公共艺术的主要形态和研究的主要对象，是因为一方面通过视觉艺术的表现形态，不仅能促进都市空间的艺术化和审美化，打造城市的文化品格，提升城市形象，同时政府部门也可以通过公共艺术表达处理社会问题、环境问题的姿态和立场以及所倡导的城市理念与精神；另一方面，由于公共艺术生产过程中涉及权力机关、创作者、社群成员之间的复杂关系，还有作品风格与安置地点及社会历史和公众喜好之间构成的一种互为关联的动态关系，以及公共艺术的资金来源等问题，为学术界提供了宽阔的话语空间，不同学科的学者都有可能介入关于公共艺术问题的讨论中来，使公共艺术在理论层面成为一门跨学科的领域。正因为如此，公共空间中的造型艺术不仅成为在众多艺术形态中备受关注的艺术类型，而且由此引发的理论争鸣和理论探讨也成为艺术研究的热门话题。

研究方法：多元视角的文化研究

公共艺术作为理论的研究对象，最初是附庸于现代艺术这一强大的母体中，人们对于与传统艺术迥然有别的实验性的前卫艺术讨论的热情，远远超过公共艺术，这一状况一直持续到20世纪80年代。在这持久的时间段中，欧美国家的文艺理论批评呈现出独立、自律、自成体系的格局，也以前所未有的力量渗入到当代艺术的研究中，各派学者从不同的角度、不同的层面对当代艺术给予关注和阐释，开拓了当代艺术的理论空间。

米勒在《文学理论在今天的功能》中对当代文学艺术研究的发展态势，做出这样的评价："自1979年以来，文学研究的兴趣中心已发生大规模的转移：从对文学作修辞学式的'内部'研究，转为研究文学的'外部'联系，确定它在心理学、历史或社会学背景中的位置。"[13] 公共艺术正是在文学艺术研究视向发生大转换的境遇中，成为理论关注和艺术批评的重要对象，因而对其研究一开始就直接进入了综合分析的时代，学术界通常用现代主义和后现代主义的知识话语，对公共艺术在当代政治、社会、文化关系中的意义和价值进行阐释或予以批判地研究分析。

作为在城市再生背景中发展起来的当代公共艺术，不仅满足城市美化的需要，同时，由于其立项、主题的确定、形式风格的选择以及所设置的空间的选择受制于多种社会因素，因而公共艺术比其他艺术形态承载了更多的社会学与政治学的意义，成为在城市化进程中缓冲协调建筑与环境、个体与社会群体、社会精神与经济发展之间无处不在的矛盾的调和剂，以至于一些学者把公共艺术看作是恢复城市生机、刺激城市经济发展、增进或转化城市意象等方面的神话。于是，公共艺术成为超越艺术层面的话题，人们不仅从艺术风格、语言和审美的角度谈论公共艺术，诸如城市地理学、城市研究与文化研究也成为公共艺术的研究方法和视野。对这一现象，提姆·霍尔（Tim Hall）说："关于公共艺术和城市再生的评论文章，一直来源于艺术家、艺术倡导者、文化理论家以及城市和文化地理学家的观点。艺术家和艺术倡导者主要关注的是公共艺术生产进程的检测，比如说，他们关注影响公共艺术生产的背景因素（委托方、支持者、地点设置、磋商及各种各样的当地规约），这些文章，有的是肯定性的，但更多的是批评性的，反映出他们的关注点更集中于公共艺术作品生产的质量方面。相反，许多的批评研究和理论文献来源于文化研究或文化地理学视野，这类文章反映了自20世纪80年代中期以来这些学科的方法和热点，最显著的是政治意识以及与之相关的各种各样的解构方法。"[14]显然，研究者的多重来源构成了当代公共艺术研究迥然不同的特色，一方面，公共艺术研究术语向地理学、文化学语汇倾斜，一些研究文献尤其突出地理学的意义以及用文学的语汇来解读公共艺术。另一方面，艺术语言也不断融入地理学、文化学之中。[15]

文化研究和文化地理学的典型研究方法通常是用叙述的手法将公共艺术置于城市再生这一特定的语境中，通过对城市中心公共空间的地理分析，以及与公共艺术相关的建筑、规划、都市设计等诸多学科的研究，还有公共艺术生成后构成的新公共空间的再阐释等热点问题的讨论，揭示公共艺术的社会、经济的象征价值，以及在都市背景下公共艺术所折射出的文化变化等。[16]通常这些研究文章不可避免地出现乐观的赞美与理性的批评两种态度。前者认为通过公共艺术这一视觉形态的展示，从而营造城市富足文明、欢乐祥和、勇于进取的印象。[17]而批评者往往看到艺术渲染的审美空间对社会出现的日益严重的社会阶层的断裂和不平等事实的遮蔽。

在文化研究和文化地理学研究之外，文化社会学、文化艺术学和文化政治学也成为当代公共艺术最重要的研究方法，实际上，这些方法的运用并不是界限严密的，而是你中有我、我中有你的综合分析。我们注意到，基于不同的社会文化背景等众多因素，各国公共艺术研究的视向有着不同的取舍。美国的米歇尔·拉蒙和法国的劳伦·泰弗诺通过对美法两国在对待当代艺术方法论的来源上的不同，揭示出这种差异的存在。他们通过研究发现，法国没有反对当代艺术（其中大量是公共艺术项目）的有组织的运动，很少有媒体去关注，也没有统计数据。而美国不仅有反对当代艺术的“文化战争”，更有铺天盖地的媒体报道和详细可查的统计数据。在法国的资料库里，一些关于包括公共艺术的当代艺术事件，不过就是些“逸闻”，而类似的情景在美国的资料库却等同于重大“事件”。自然地，法国也就没有关于当代艺术这个主题的研究，而美国有很多关于这个主题的研究。[18]两国在方法论的选择和关注点上也是有差异的，作为有悠久艺术传统的法国来说，关注的是公共艺术的“艺术性”和社会其他因素对艺术的影响等问题，侧重于艺术社会学的研究方法，而对于高扬“自由民主”的美国而言，关注的是公共艺术所涉及的性别、族群、阶层、道德权益等社会问题，侧重于政治学方法。

在多维度的文化研究中，令人遗憾的是在关注公共艺术作品、背景的同时却极大地忽略了公众研究。作为打着“公众”的名义在公共空间下行使的艺术，与观众有着天然的联系，观众是公共艺术的最终消费者和评估者，也是公共艺术的主要赞助者。但迄今为止的公共艺术文献中，涉及观众这一环节的相当少。这一点与文学研究的方法论的转向不尽相同。“接受美学”作为文学史上早已娴熟并被大量运用的重要方法，自其兴起于德国后很快传播到美国并蜕变为“读者反应理论或批评”，这一理论将研究视野从作者、作品转向了读者的审美接受和审美研究，将读者的文学接受作为结果，研究读者对作品接受过程中的一系列因素和规律。接受美学的研究方法动摇了艺术长期以来囿于艺术家精神世界的精英地位，而确立了以读者为中心的地位。在这之后，文学研究不仅转向读者而且也开始在政治文化的核心之处展示。这种以读者为中心的理论研究本应该对公共艺术研究产生极大的影响，而实际上公共艺术的研究者却将更多的兴趣投向“公共空间”而鲜言及“公众”。为何出现这样一种状况呢？我们从一些学者的态度中似乎能找到问题所在。美国著名公共艺术学者派翠西亚·菲莉普丝(Patricia Phillips)认为，历史上几乎大多数社会都具有“公共生活”，“公共”概念易于变化、把握不定，当代社会中使用的“公共”概念是一种狂想式的虚幻的概念，在政治转型和市民思想出现显著变化时，“公共”的定义会重新调整，同时，私有的概念也会不断补充其定义的不足，并最终成为“公共”内涵的一部分。虽然“公共”的概念在不断推进，但和公共艺术的发展似乎是两条互不交叉的平行线，两者各行其是，互不干涉。有关公共艺术的讨论主要针对特定的社区，而不是针对整体的大众，似乎在这些讨论中大家都明了“公共”的意义，而把焦点转向那些比较容易判断的明显议题。[19]

这一状况的存在或许不是短期内能解决的。但是，公共艺术的“公共性”决定了公众在其中不可忽视的地位和作用，随着研究方法多元化的推进和研究视向的拓展，必然会促使人们更多地从公众的角度去理解和评判公共艺术。

研究话语：从知识话语转向意识形态话语

现代公共艺术自兴起之时，本身就承载了巨大民族精神的重托，在墨西哥的壁画运动和罗斯福的艺术新政中，我们看到公共艺术与现代艺术家个体的艺术创作之间的最大差异在于，前者渗入了国家权力和意识，寄托了民族的精神和特性，它是社会的也是民族的。因此，在公共艺术的研究态度上，自觉或不自觉地打上了意识形态的印记。

20世纪中叶以前的西方文艺理论主要是一种知识文化和知识话语，比如俄国的形式主义、英美新批评派、结构主义、符号学等，它们主要在一定的专业范围和知识界发生影响。但在二战后，尤其是20世纪60年代，许多知识文化向意识形态文本转化，比如存在主义、新马克思主义、法兰克福学派、解构主义、后现代主义、女权主义等，它们不仅在知识界发生影响，而且因为所具有的政治性和意识形态性而作用于政治、社会和公众。

1968年法国“五月风暴”似乎并没有对公共艺术造成太大冲击[20]，关于公共艺术的讨论还基本囿于审美领域。到了20世纪80年代末90年代初，由于西方国家工业文明的发展使国家对社会的干预程度加强，从而造成国家与社会之间关系紧张，再加之东欧剧变事件的发生，使人们对文化和意识形态评论寄予了憧憬和热忱。在这种情形下，公共艺术的“公共性”问题受到极大的关注。美国艺术史类刊物《十月》(*October*) 从1988年起围绕“公共领域”刊载了不少文章。[21]紧接着的1989年，美国艺术家塞拉受美国总服务处（General Services Administration；GSA）的委托而制作的《倾斜的弧》（*Tilted Arc*）在公众的强烈要求下被迁出下曼哈顿联邦广场，成为公共艺术史上具有分水岭的事件，同年哈贝马斯在1962年所写的《公共领域的结构转型》（*Structural Transformation of the Public Sphere*）被翻译成英文并在剑桥出版，而标志着公共艺术进入理论研究层面的《公共艺术评论》（*Public Art Review*）也在这一年诞生。

在这一过程中，将公共艺术的批评从艺术范畴引领到意识形态领域的代表人物是新马克思主义者罗莎琳·德棋（Rosalyn Deutsche），她发表的《不平衡发展：纽约市的公共艺术》（*Uneven Development: Public Art in New York City,* 1988）以美国下曼哈顿的巴特利公园作为研究对象，探讨了20世纪80年代以来公共艺术与城市再开发之间的关系，对当时盛行的讴歌公共艺术在都市再开发中的社会功能给予批判，她从政治学的角度出发，认为都市再开发是建立在私人利益和政府控制基础上的，新都市空间的开发使许多人无家可归，而公共艺术的提倡者无视这一社会背景，在艺术的社会功能和空间的社会功能两个领域上出现了两种平行发展。罗莎琳·德棋对公共艺术的批判无疑掀起了一股对公共艺术的重新认识和反思的浪潮，紧随其至，出现了一些相关的文章和访谈[22]，推动了当代公共艺术理论的形成和发展。

在这之前，西方马克思主义地理学已经将地理问题置于广阔的社会和政治背景中去研究，他们不同意把空间概念仅仅等同于场或容器。法国亨利·勒菲弗尔（Henri Lefebvre）的《空间的生产》（*The Production of space, Oxford,* 1991）是他经历1968年事件后，认识到日常生活中都市环境的重要意义，从而将都市化和空间的生产这两个主题交织起来。与狭隘的关注工作场所的政治的视觉不同的是，勒菲弗尔把这种都市环境看成是革命情绪和革命政治演化的关键。大卫·哈维（David Harvey）作为西方马克思主义地理学的一个重要代表人物，1973年出版的《社会公平和城市》（*Social Justice and the City,* Londond, 1973）论证了空间形式和城市地理学是如何与整个剥削阶级社会和政治制度挂钩的，他认为城市中少数民族聚居区的形成就是由于住宅市场的种族歧视和阶级歧视所造成的。而米歇尔·福柯（Michel Foucault）更多地将空间和个体关系作为研究重点，从政治学的角度反映了物理性的空间凭借自身的构造能够进行全景敞视，将个体锻造成一种新的主体形式的过程。在这里，权力借助物理空间发挥了作用。

这些思想的出现无疑加强了公共艺术的意识形态话语，作为置于都市公共空间下的艺术形态，这种意识形态话语很容易从单一的狭隘的政治空间延伸到以种族、性别、亚文化、艾滋病（AIDS）为题材的公共艺术作品中。实际上，当现代主义最早从艺术、建筑领域异军突起时，就注定了整个当代艺术史是一部充满浓郁意识形态话语的历史，一旦公共艺术呈现于公共空间，作品的意图、公众的趣味、学者的解读，再加上媒体的力量，往往使公共艺术所负荷的功能遮掩了其作为艺术的内在特性，而成为不同社群表达自己政治文化理想或某种权益的工具。这似乎是以艺术的名义进行的多方博弈，尤其是在艺术的新闻批评介入后，艺术家要保持和发展表达的自由，他们把“宣扬正义与真理的普遍价值，并能唤醒最大多数人的批判意识，为众人谋福利”作为目标，把艺术视为一种抵抗社会陋规的力量。汉斯·哈克（Hans Hack）“号召有特定专长的人们（艺术家、作家、研究者、美术设计家、记者、文学家、艺术批评家）参加文化斗争，因为只有这种斗争才能使我们‘重获’19世纪少数作家、艺术家在反对形形色色的道学家时所建立起来的精神权威”[23]。

正如布尔迪厄的“场域”理论所揭示的那样，艺术生产的经济运作以及权益争夺，反映了艺术家在艺术场域的定位和占位的斗争，这种斗争不得不形成了艺术场域中的政治性，这样，艺术的主题与风格和理论往往成了艺术场域内政治角逐的强大力量。作为公共艺术家，在创作过程中必须考虑到艺术品的生产条件以及这些条件施加到艺术形式上的作用，并且由于“公共艺术”与“公众”、“公共空间”的内在关联，对于公共艺术的研究必然要涉及社会空间的构成以及艺术品所属的艺术场的构成，从而具有无法回避的意识形态话语。

综上所述，我们看到当代公共艺术研究已经超越单一的艺术层面，形成多学科多视向多维度的交叉关系，透过当代公共艺术这一窗口，不仅可以洞察到当代艺术从物质载体的划分，场所地域的划分，尤其是在艺术与非艺术之间心理和认知界限的标准划分方面，如何改变传统艺术作品的界定标准，而且通过对当代公共艺术研究现状的审视，我们进一步意识到在文化艺术话语疆界不断拓展的情境中，公共艺术必然成为学术界热忱关注并极富争议性的领域。

注释：

[1] 这一标志是1989年美国创办的《公共艺术评论》（*Public Art Review*）国家刊物，每年两期，持续至今。

[2] See：*In Praise of Anachronism*：On Public Art and Its Critics, in Art US, Nov/ Dec 2003, p23.

[3] Harriet Senie and Sally Webster, “*Editors' Statement: Critical Issues in Public Art*”, in Art Journal, Winter. 1989, p287.

[4] 在当代公共艺术史上，1967年和1989年是两个重要的年头，前者显示公共艺术实践性的确立，后者标志公共艺术理论局面的展开。1967年美国艺术基金的公共空间艺术（The National Endowment for the Art's (NEA) Art in Public Place）建立，使公共艺术从制度上得到国家的认可和保护，其目标是“让公众在博物馆之外接近我们这个时代最好的艺术”，同年密歇根大瀑布城（Grand Rapids）在此政策下委任考尔德（Alexander Calder），1969年考尔德的La Grande Vitesse落座于该城市，1967年芝加哥的壁画也轰轰烈烈开展。在出版界，英国的约翰·威利特（John Willett）所写的《一个城市中的艺术》（*Art in a City, London: Methuen*）具有重要价值。如果说六十年代的公共艺术概念强调的是艺术功能，那么80年代的公共艺术则走向了艺术的公共性。

[5] See：John Wetenhall, “*Camelot's Legacy to Public Art: Aesthetic Ideology in the New Frontier*”, in Art Journal, Winter 1989；Caryl Christian-Levy, “*Public Art Paradox*”, in Public Art Review, Fall / Winter 2002, Vol. 14 Issue 27, p13-15.

[6] 2004年出版的牛津词典没有收入“public art”词汇，这一现象似乎显示出当代公共艺术概念继续争鸣的状态。See：Lan Chilvers, ed.The Oxford Dictionary of ArtM, Third Edition, Oxford University Press, 2004.

[7] By Design：urban design in the planning system：towards better practice, 2000. http://www.communities.gov.uk/index.asp

[8] See：Public Art Supplementary Planning Guidance No.19, London Borough of Croydon. http://www.croydon.gov.uk/environment/dcande/planning.

[9] Central Area, Public Art Policy and Guidelines, Auckland City. http://www.aucklandcity.govt.nz/council/documents/publicart/default.asp

[10] Daniel Hunting, "Public Art Policy：Examining an Emerging Discipline", in perspectives in Public Affairs, Vol.2, p1. 2005.

[11] 许焯权：《公共艺术研究报告》，2003年9月15日，第5页。

[12] Joanne Sharp, Venda Pollock, Ronan Paddison, “Just Art for a Just City：Public Art and Social Inclusion in Urban Regeneration”, in UrbanStudies,Vol.42, p1004, May 2005.

[13] 米勒：《文学理论在今天的功能》，见拉尔夫·科恩编：《文学理论的未来》，112页，北京，中国社会科学出版社，1993。

[14] Tim Hall, “Opening Up Public Art's Spaces：Art, Regeneration and Audience”, in Advances in Art, Urban Futures, Vol.3, p50, 2003.

[15] 这种综合的分析方法被公共艺术研究大量使用。1988年，丹尼斯和斯蒂芬认为，地景就如文本或其它编码系统一样，很容易受阐释的影响，用艺术史的语言可以打开阐释的空间。See：Denis Cosgrove and Stephen Daniels, ed. The Iconography of Landscape.Essays on the Symbolic Representation, New York, Cambridge University Press,1988.

[16] 这方面文献举不胜数，可以参见：Juliet Hamilton, “Public Art：A Local Authority Perspective”, in Journal of Urban Design, Vol.6, No.3,p283-296, 2001；Phil Hubbard, “Memorials to Modernity? Public art in the city of the future”, in Landscape Research, Vol.28, No.2,p147-169, 2003；Andrea Phillips, “Cultural geographies in practice：Walking and Looking”, in cultural geographies, p507-513, 2005, 12.

[17] 提姆·霍尔归纳了人们乐于此的七个缘由，即公共艺术可以确立身份认同感、空间感、树立城市品牌、传递社区需要、解决社会边缘问题、提升教育价值、促进社会变化。See：Tim Hall & Iain Robertson, “Public Art and Urban Regeneration：advocacy, claims and critical debates”, in Landscape Research, Vol.26,No.1, p5-26, 2001.

[18] 米歇尔·拉蒙和劳伦·泰弗诺著，邓红风等译：《比较文化社会学的再思考——法国和美国的评价模式库》，225页，北京，中

华书局。

[19] See：Phillips Patricia C.，Temporality and Public Art，in Art Journal，Dec89．Vol.48，Issue 4．p331．

[20] 第四届卡塞尔文献展正好是1968年法国的五月风暴发生之时，平静的展览实际上封闭了与社会的接触和联系，没有看到社会斗争和时代精神，但是外面大量的学生抵制这届文献展，导致了自第五届文献展的彻底转向。

[21] 1988年秋季号节选了德国Oskar Negt and Alexander Kluge的《公共领域和经验》（*The Public Sphere and Experience*），Rosalyn Deutsche的《不平衡发展：纽约市的公共艺术》（*Uneven Development: Public Art in New York City*）及1995年夏季号Peter Uwe Hohendahl的《重论公共领域》（*Recasting the Public Sphere*）。

[22] 比如说Arlene Racen，Art in the Public Interest（Li.M.I．Research Press,1989）；Nina Felshin，But Is It Art? The Spirit of Art as Activism（Bay Press，1995）；Suzanne Lacy，Mapping the Terrain：New Genre Public Art（Bay Press，1995）；Tom Finkelpearl，Dialogues in Public Art（MIT Press，2001）。

[23] 埃尔·布尔迪厄，汉斯·哈克著，桂裕芳译：《自由交流》，3页，北京，生活·读书·新知三联书店，1996。

○ 陈培一

中国《雕塑》杂志副主编，《中国雕塑年鉴》执行主编。

陈培一：我不是公共艺术的实践者，不是公共艺术的教育者，也不是公共艺术的研究者，只是公共艺术的关注者，只是公共艺术的一个门外汉。两天来，听了大家的发言，使我深有感受，也深受教育。

我认为，公共艺术有广义和狭义之分，也有“对抗性公共艺术”和“伪公共艺术”的存在。大家都在谈公共艺术、大众艺术和精英艺术，其实，这三者之间没有必然的联系。不能轻言公共艺术就是大众艺术，更不能轻言公共艺术里就没有精英艺术存在。

听了大家的发言，我感觉到的是，艺术家要从政府和开发商手里争夺话语权，还是有强奸民意之嫌，还是没有把权利还给公众。那么，如此说来公众的权利何在?

我认为公共艺术项目的建立，应该体现公众的意志，而不是政府官员和开发商的意志，更不是要完全体现艺术家的个人意图。公共艺术的项目建设资金，来自纳税人，而不是政府和开发商的投资与施舍，是国家税收合理、合法的转化与转换。关于艺术垃圾、劣质雕塑或历史上遗留的不合时宜的城市雕塑拆与否，决策权在政府。我希望不要擅言拆或不拆，应该在以后的城市规划之中予以合理地改造、利用，应该保留那些历史进程中的记忆。因为，这些都是中国公共艺术发展过程中最好的教材。再说，是谁授予的权力，说某件作品是垃圾，是劣质城雕？又是谁授予的权力，拆除国家耗费大量物力、人力、财力建设的工程项目？谁来承担浪费国家财产的责任？

大家都认为，公共艺术是西方舶来的，中国历史上没有公共艺术存在。其实不然，中国有自己特色的公共艺术存在，而且沿袭数千年不衰。这个公共艺术活动就是传统民俗节日——春节。春节期间，人们张灯结彩，放烟火、跑旱船、舞狮子，家家户户贴年画、贴春联、贴窗花，做花馍、花糕，形式多样。年画、春联、窗花等东西，可自做，可请人做，也可购买。年画就是刻板印刷生产销售的，各种泥制、木制、竹制玩具也是集中生产销售的，在全国各地形成了很多产业中心，有了消费在其中。春节，是中华民族全民参与的公共艺术活动，是十几亿华人共同的节日。吉祥、喜庆、热闹是共同的主题，但又有浓郁的地方特色存在。春节，没有阶级之分，没有权力的干预；没有绝对的高雅与粗俗之分，大众文化与精英文化并存。春节既有私人性，春联之类的东西属于每家每户，体现主人的品位、追求和期望，也有职业特色；又有开放性，春联、门画贴在门户之外让人观看，既自愉又悦人；贴春联、门画的行为，几乎是在春节前的一两天同时完成的，是自由完成的，具有一定的公共性；节日活动没有任何政府、权力机关的干预（安全措施除外），具有一定的民主性；春节是短暂的，前后持续一个多月的时间，又是永久的，自汉武帝之时到如今已历两千余年。从公共艺术的角度考量，春节的活动均有公共艺术的属性，是公共艺术活动无疑。这是中国式的公共艺术，是具有中国精神和文化特征的公共艺术，是真正意义上的公共艺术。在这里，我想给在座的公共艺术家们提两个问题：当代所谓公共艺术的公共性、全民参与性何在？当代公共艺术的中国特色又体现在哪里？

传统图形在现代公共艺术设计中的传承与发展

○ 曲　哲

教授，高级室内设计师,1984年毕业于哈尔滨师范大学艺术学院，现任浙江工业大学之江学院创意设计分院、环境艺术设计专业主任。中国建筑学会室内设计分会会员，中国设计协会纤维艺术委员会会员，浙江省美术家协会会员。

○ 周袆铭

任教于浙江工业大学之江学院,江南大学设计学院硕士研究生毕业，研究生期间曾随学校代表团出访瑞士。

内容摘要:

在当今这个越来越注重探寻历史踪迹的时代，“传统”已不再被我们放进博物馆中成为我们回顾历史的标本，我们逐渐意识到了挖掘本土文化内涵的重要性。本文从传统图形与城市公共艺术的概念、内容、现状、问题出发，探讨了传统图形与现代公共艺术设计的关系，及传统图形在城市公共艺术中的传承与发展。并结合实例，提出对其运用的手法作一系列的分析和探索。最终达到传统图形的传承与公共艺术的地域性体现的双重效果，增强大众的地域识别性，归属感和认同感。

关键词: 传统图形　公共艺术　地域性　传承　发展

前　言

作为一种中华民族伟大而精湛的传统艺术，传统图形有着悠久的历史，丰富的内容，对传统图形的研究是现代设计发展的热门话题之一。传统图形产生于民间，由广大劳动人民创造，是最大众，最通俗易懂，人们最容易接受的艺术表现形式。同时，传统图形拥有巨大的艺术价值与开发潜力。不同地域孕育着不同的文化和历史，不同地区的传统图形也有其独特的、鲜明的地域性特点。在现代城市景观中，公共艺术承载着城市公共活动的空间，同时也是城市历史文化艺术最好的体现者，在当今城市景观西方化、趋同化的今天，我们应该充分认识到在现代城市景观设计中，民族性、地域性、文化性的重要体现，我们应该注重将传统图形与城市公共艺术相结合，提高生活在城市中的人们对传统文化的认知度，赋予传统图形新的生命力；将公共艺术塑造得更具人性化和亲切感，更具地方特色，传承我们的历史，发扬我们优秀的传统文化。

1.中国传统图形与城市景观

1.1中国传统图形

我国传统图形艺术源远流长，发展到今天已有几千年的历史。早在文字诞生之前，我国先民就开始使用图形来传达思想与沟通感情，新石器时代的彩陶纹与刻绘在崖壁上的岩石刻等不仅记载下了先民们对自然的理解与期盼，同时也成为了人类最早的图形艺术。中国的图形艺术不仅起源早，而且不断得到发展，虽然时快时慢，但从未中断。中国传统图形资源是极为丰富的，它们在自己的发展和演变中，既有一以贯之的脉络，又有多姿多彩的风貌，它们以其多样而又统一的格调，显示出独特、深厚并富有魅力的民族传统和民族精神。这些图形随着时间的推移和历史的发展而不断地沉淀、延伸、衍变，从而形成中国特有的传统艺术体系。

1.2城市景观

城市是一个巨大的人造物，城市空间是人所生存必须依赖的物质环境。当人类物质文明发展到一定阶段，其对场所的需求出现升级，从功能上升到精神上的需求，城市空间不仅仅要满足使用的需求，同时精神上的需求空间也随之出现，城市景观及其设计也就出现。城市景观是城市成长过程中的空间节点，不夸张地说，城市景观就是城市的“肺”，我们需要可以呼吸的、有活力的城市景观。近年来城市景观设计越来越热门，这也正是人们的精神需求的集中反映。

城市景观的建设是为生活在城市中的人提供良好的生活环境的有效手段，城市景观是城市建设的重要组成部分，是反映城市现代化水平、文明程度、经济社会发展程度的重要标志。好的城市景观不仅为人们提供适宜的功能，同时给人们带来轻松和愉悦的生活氛围。

2.中国传统图形与城市景观的现状

随着社会文明程度、人们的文化意识与审美能力的提高，中国传统文化与城市景观的距离应该越来越近，但在现代城市景观中，我们依然难以看到具有浓郁民族特色和地域特色的城市景观。传统文化并没有被大众广泛地认知与接受，人们往往更钟情于西方的、流行的、时尚的潮流与元素，却忽视了属于中国本土的艺术。在所谓的“欧陆风情”、“简约风格”、“解构派”、“后现代主义”等种种名词成为热门的时候，中国传统图形却显得黯然失色。

随着现代化的发展，科学技术的进步，现代城市景观的设计中也出现了各种各样的问题。正如近年来掀起的“城市美化运动”，虽然将城市打扮得花枝招展，到处都是五颜六色的广告与所谓的“美化”，还有“景观大道”、“城市广场”等，但这些举动往往缺少整体把握和控制，缺少文化内涵，缺少对当地人文历史的分析，丢弃了城市的历史和记忆，使人们处在任何一座城市都几乎感觉不到差异。千篇一律的高楼大厦，千面一孔的城市空间，空旷的城市广场，大面积的草地禁区……使我们走到哪里都无法分辨自己所处的城市和环境。在设计手法上一味地抄袭外来的东西，崇洋、求大，出现一批粗制滥造的城市景观。我们很难从中找到那些城市的差异性和独特性，很难让人产生归属感和认同感。我们的城市景观，需要有内涵的、有历史的、大众可接受的元素注入。

令人欣喜的一点是，我们已经看到越来越多的城市景观强调城市文化性、地域性，为大众所接受和满意的城市公共艺术从城市的各个角落生长出来。城市的地域性特征就是要让人们可识别，以便产生深刻的印象和记忆，并且达到心灵上、情感上的认同和共鸣。在这里，我们想谈的是在城市景观中的公共艺术设计如何与中国传统图形相结合，展现其城市的地域性特色。

3.传统图形在现代城市公共艺术设计中的传承

3.1传统图形与公共艺术设计的关系

传统图形是一切造型艺术的母体，它既是中华文化观念的一种表达形式，又是文化精神生生不息的传播媒介，是历史给了中国传统图形的发展以无限的时间和空间。城市是人类一代又一代发展而形成的。城市中的文化是历史的积淀，城市只能说是机械化和文明化程度相对较高的区域。城市中许多景观、建筑、视觉等创作的源泉是来源于传统文化的，这也是传统图形一代代传承下去，并且迸发新的活力的重要条件。

在这里强调的是传统图形的地域性、文化性和可认知识别性。这些从某种角度上来说正是现代都市景观发展中所缺少和忽视的东西，这种自然的、来源于生活、来源于地域的民众艺术，是更为大众所接受的。我们的城市是大众的城市，城市景观是为生活在城市中的所有人而创造的，要让他们满意的城市景观才是优秀的城市景观设计。重要的一点就是寻求大众心理的满足感、亲切感、认同感与参与感。

另外，传统图形在不同的地区又有着各自独特的文化气息和文化特质。地域特色也是可以作为一种文化反映和再现的。它能更生动地表达地区的历史特色和文化内涵。这也是一个城市塑造其形象必不可少的内容。公共艺术是城市历史文化艺术的最好体现者，人们在各自城市和地区看到有特色的传统图形内容的公共艺术，必然促进人们产生领域感、自豪感和归属感，同时也使更多的人了解、认识和喜欢中国传统文化。

3.2传统图形在公共艺术中的应用

公共艺术是以人（社会公众）为价值核心，以城市公共环境和公共设施为对象，以综合的媒介形式为载体的艺术形态。公共艺术可以装饰丰富美化城市的空间环境，同时给人以视觉精神上的慰藉和享受。公共艺术的设计不应是手段和结果，也不是艺术家个性的表达，而应是一个过程，是一个大众参与互动，为大众所接受并不断展现其文化观念、思维方式和生活方式变换的过程；它不仅仅是时代精神的体现，也是文化状态的再现。

对公共艺术的创作来说，现代感很重要，要与城市整体环境协调，不能生搬硬套传统图形。中国传统图形的表现手法有很多：刻、剪、雕、印、塑、绣、织、染、编，等等，五花八门，不胜枚举。其实现代城市景观的许多创作手法就是借鉴或者说发展了这些原始的造型手法（图1-图3）。比如上海南京路步行街的城市街头雕塑，就用了剪纸的表现形式，和公共艺术的造型相结合，利用设计创意产生正负形，效果特别有趣。

传统图形是中国文化不可分割的一部分。无论从物质上还是精神上，其独特的文化性与情感性给人一种亲切感和认同感。因此传统图形在公共艺术设计中的应用不应仅仅是将图形展览在城市之中，而是让其融入城市，融入生活，融入人

图1

图2

图3

们在景观中产生的情境之中。这不仅是对城市品位的提升，对文化环境的塑造，更是对中国传统文化的一种传播、尊重和传承。

4.传统图形应用于城市公共艺术设计的发展

中国传统图形是处于一个动态的不断发展的过程中的。特别是对其保护和再利用，从多种层面上我们要向一些西方国家学习。因此，传统图形的发展便成了一个新的课题，既要把握住传统的精髓，又要具有时代特征。只有这样的中国传统图形才有发展的潜力和生命力。城市是现代化发展的产物，因此传统图形在公共艺术设计中的运用更是要注意其传统与现代的结合。

在21世纪的今天，中国传统文化应该走向社会，走向大众，走向生活。在人类社会现代化文明不断发展的同时，我们应该处理好继承与发展的关系。城市在发展，对城市景观也提出了新的要求，公共艺术作为文明和历史文化的载体之一，应该发挥其独特的作用，应该责无旁贷地担任起传播传统文化，传播文明与历史的职责。凯文林奇说过，城市本身就是一座活生生的博物馆，在这个博物馆中，各种文化，各种历史，各种文明交相辉映，相互渗透和融合，但我们仍然要注意保持我们城市的特色。传统图形与城市公共艺术的结合处处体现了人的价值，体现了人们的劳动智慧的结晶，我们应该让我们的城市变得越来越有内容、有内涵，使这个城市博物馆更加丰富多彩。

参考文献：

1.姜松荣主编：《中国工艺美术史》，长沙，湖南美术出版社，2004。
2.柒耀琦：《中国传统图形运用》，南宁，广西美术出版社，2002。
3.叶兆信、潘鲁生编：《中国传统艺术（续）》，北京，中国轻工业出版社，2001。
4.马钦忠编：《雕塑-空间-公共艺术》，上海，学林出版社，2004。
5 翁贝青：《公共艺术的观念与取向》，北京，北京大学出版社，2002。
6.全国城市雕塑建设指导委员会编：《中国城市雕塑50年》，西安，陕西人民美术出版社，1999。
7.尹安石、陈良梅著：《现代环境艺术的传承与在开发》，载《室内设计与装修》，2006年第6期。

2008

公共艺术创作浅谈

——记深圳东部华侨城

○ 李林琢

中央美术学院教授，中国壁画学会副秘书长，中国美术家协会壁画艺委会委员，北京美协雕塑艺委会主任，中央美术学院壁画系第二工作室主任,中国文联第八次代表大会代表。

在新建的深圳东部华侨城,我带助手设计并监制了镂空灯柱、巨石广场、茶园广场壁画及建筑装饰、茵特拉根小镇湖面雕塑《泉》。

有人把公共艺术叫“大美术”，我认为有一定道理，因为它面对的常是大的自然环境和大的建筑空间。我以前对壁画有一种认识：“壁画壁画，是先有壁后有画”，画完之后要考虑的不仅是壁画本身，更要考虑壁画和整个建筑空间的关系，作为公共艺术，这一点可能意义更大一些。对于建筑空间和艺术品之间的关系，第一考虑的往往不是你要做什么艺术品，而是这个环境适合做什么样的艺术品。这一点在东部华侨城的作品中有很好的体现。

灯柱设计

在构思灯柱通道时，用镂空石雕作为艺术品表现是我很早的一个想法，这样可以在坚实当中透出一股灵动，表现出梦幻般的变化。从远处看，灯柱的整体有一种震撼人心的美感，走近看，又有了灯和光之间的交错变幻——艺术构思先美在作者心中，然后再在现实中绽放！艺术家的成就感就是把那些看起来难以实现的美梦变成活生生的现实。

巨石广场

巨石广场是刚刚接触华侨城的第一大难题。在一段几百米的通道上，有个很好的策划是用巨石装饰——我以为是个很大气的想法，但同时这也是一个很难处理的难题：多大为巨石？如何组织？如何装饰？还有一些担心：没人做过，众口难调，会不会是一件费力不讨好的事？难受了一段时间，我就渐渐有了思路：巨石，当然大些为好，以尺度、重量拉得动，吊得起来为准。形式感上因线路拉得太长，最终决定把巨石分为几组，每组之间用几块巨石当作一种连接，这样看起来有重点，有变化，气也贯通。这些巨石来自五湖四海，我曾去福建海边选了一些石头，也买过一些湖南的黄腊石，但最多的还是广东的巨石。大自然造物甚是奇妙，这些石头的形和色都好，就尽可能少做雕琢之事；石锈太多的，就剥开皮，在石头上加以装饰。经过再三斟酌，我决定选用全世界合适的岩画为修饰，这种选择有如下考虑：巨石的形体适合以一种粗犷、有神韵的岩画为装饰。此外，巨石广场这个场所，有数以万计的游客，需要一种雅俗共赏的作品，岩画就是这样一种艺术。那些动物的图案，狩猎时的情形，常常让那些儿童也要驻足片刻。但另一方面，很多图形、图腾可谓怪诞至极，我敢说，就是专门研究岩画的专家也不敢讲自己全弄明白了。带着数千年甚至是数万年的风尘，这些岩画犹如一个个谜，充满了神秘感。巨石广场做成后受到了很多人的喜爱，更证明了我的判断。

巨石广场景观现场

选石、运石、立石、雕刻、上色，应该说是一件件充满着挑战和未知数的工作。在指挥百吨吊车起吊时，我常常十分感慨：三十多年前在钢厂当炼钢工人时指挥天车的经验又用上了——公共艺术有时就是如此，它不仅仅靠的是好的设想和灵感，更靠的是大量艰苦而繁琐的创造性工作，这两者缺一不可。看着那些造型各异的自然石，想着太空中的流星，常常会令你浮想联翩：那些形态各异的埋

选石现场

巨石安装吊装现场

铁观音雕塑及石门

在深山中的巨石和那些太空中的流星，是否又有什么关系？

美化环境，而不是添堵——关于铁观音，茶园广场和壁画艺术作品，占有空间和引导作用。

在处理铁观音环境的时候，一对镂空石屏起到的就是这样的作用。在处理上给人一种暗示，突出了山坳里外空间的分隔。镂空的石屏无论在手法和材料上都自然天成，既装饰了环境又不让人感到生硬、死板。试想，如果石屏用铸铁处理，则效果、情趣会完全不同，韵味全无。

在处理云中部落的石门时，也是追求这个效果：场地上两个电梯通道的变化，通过石门做了一个过渡。这个石门既是一件艺术品，又是一个空间变化的建筑符号。它看似没什么用，却在视觉上给人以充实之感，让人把玩。

在茶园广场的入口，有一块劈开的山体。我总以为以“茶园”为名的广场，总该有些有文化底蕴的东西才好，后做一茶韵图，想以茶为题做点文章，查查资

云中部落石门现场景观

茶文化壁画现场景观

料有一句话让我感悟甚深："中华文明的五千年历史，每一页都散发着茶香"，所言极是。我看的书算多的，也很杂；吃茶也有些时日了，但从未从这个角度认识过，惭愧！要说遗憾，真应该用更多时间下更大功夫好好做做这个题目，所谓艺无止境。此画具象者：与茶有关的文人雅士、故事；抽象者：金、木、水、火、土，阴阳五行纵贯整个画面，也是自己对传统精神的一种认识和表达吧。

茵特拉根小镇湖面上的贴金雕塑，当初是装饰出水口的处理，做完后成了一个小亮点，属无心插柳柳成荫之笔。

应该感谢华侨城的蓟总和有关领导给了我这样一个艺术实践的机会，说句俗话，货卖识家， 没有他们的建议和支持，很难实现这种大空间、大体量的艺术创作。

就现代性略从法国装饰艺术的公共性谈开去

○ 钱凤根

汕头大学长江艺术与设计学院设计学系系主任，教授。毕业于南京大学外国文学研究所，硕士，多年从事跨学科教学和研究工作。继赴法国研究当代法国设计与设计教育之后，目前在英国布莱顿大学艺术与建筑学院在职攻读设计史博士，研究英国设计史论和创意产业。

内容摘要:

现代性没有终结，我们还处在现代之中。认识到这一点十分有助于我们重新认识与现代主义相关的艺术问题，从而更深入理解公共艺术带来的变革。从这个角度去剖析，艺术在现代性构建中与社会和民族的关联也就会清晰地呈现出来。由此，公共艺术的教育问题也能从中得到启示。

关键词: 法国装饰艺术　公共艺术　现代性

对于现代性的理解，大多数当代社会科学家和哲学家都接受英国社会学家吉登斯的观点。吉登斯认为，现代性指的是始发于17世纪欧洲的社会生活或组织的方式，随后或多或少形成世界性的影响。基于吉登斯的观点，人们通常将中世纪至现代社会的转变描述为至少是相互关联的四次革命的结果：科学革命、资本革命、工业革命和政治革命。由此而形成的社会状态称为“第一种现代性”，因为它既非现代社会也非现代性的终结。我们正感受的不是现代性的终点，而是现代性第一回合中的四次革命的含义和意义的转变。这种当代的转变有各种各样的名字，包括“另一种现代性”、“后期现代性”、“超现代性”、“第二种现代性”、“流动现代性”、“反射现代性”等等。瑞典学者爱德华·蒂尔雅基恩（Edward·Tiryakian）进一步提出“第三种现代性”的概念。他认为，第三种现代性是全球现代性，不仅仅是经济意义上的，而且也是政治、文化和社会意义上的。第三种现代性的提出并不意味着社会完成了现代向后现代的过渡。现代还没有终结，我们尚在现代之中。即使后现代概念奠基人之一的利奥塔也认为后现代性是现代性的一部分。我们仍然处于现代之中，不过现代性正在发生多层面的变革。

为便于我们从现代性讨论艺术，这里有必要引入美国学者伯尔曼的概念。伯尔曼认为，现代性是一种两个对立过程的经验：一个是政治经济含义的现代化，另一个是文学艺术含义的现代主义。这使我们可以看到，以往我们对现代性的讨论大都局限在现代主义的范畴内，尤其是一度很激烈的现代主义与后现代主义之争。但即使是现代主义，情况也并非简单，各有各的表现，例如英国和法国。当我们从现代性的角度去观察英法两国现代艺术与设计的发展时，我们就会注意到一个十分有趣的现象。在现代性的构建中，英法两国在艺术与设计方面的发展犹如钟摆一样，各自摆向了一边。其实，艺术与设计本是现代性构建中的对立统一体，只是在呈现的过程中，两者获取了各自的形态。这已不是本文讨论的范围了，所以笔者不在这里展开。回到现代性背景下的艺术与设计问题，英法两国表现出了不同的倾向性。在民主与科学等理念的引导下，两国在社会现代性构建中都关注着民众的问题而形成欧洲的范式。由于英国的文学现代主义，例如康拉德、詹姆士、叶芝和艾略特等，脱离现代科学精神而不与大众日常世界为伍，并对文化消费主义持批判态度。这无形中导致艺术与设计复合体中的艺术部分萎缩，终究为设计所吸纳，使英国现代性的经验更多呈现在设计层面上。了解了这一点也就不难理解英国设计先驱科尔在19世纪中叶对设计进行改革时，最初是把设计称作“英国式艺术”的。而法国在现代性的构建中诞生了强大的现代主义运动，从而延续了艺术作为社会治理的传统倾向。由此，法国现代性的经验更多呈现出艺术的内涵。尽管法国有勒柯布西埃这样的现代主义设计大师，设计在现代主义中的表达始终受制于装饰艺术的地位。于是，法国的设计在现代主义环境下可以说是发育不全。在装饰艺术博物馆于1969年创建的工业设计中心三年后便脱离，并入蓬皮杜艺术文化中心，成为中心现代艺术馆的一部分，这便是很好的说明。设计难以成为法国的公众环境。1980年法国《工业物品展览》得出的结论是，设计不为公众理解。

那么能为法国公众理解的、构成公众环境的是什么呢？那就是装饰艺术。当初巴黎创立装饰艺术博物馆就是为巴黎配备一个安置小类艺术的博物馆。于是引出了一个十分有趣的问题。既然是小类的，为什么具有那么大的影响力？20世纪20年代，法国起草了一份关于国际展览的协定，英国、德国等其他欧洲国家都加入讨论。从笔者翻阅的英国与法国、德国等的官方文件往来资料看，法国装饰艺术在当时十分有影响力。如此，后人对装饰艺术印象的淡忘一方面或许是官方将纯艺术和美术大类艺术政治化的原因，另一方面也可能是主流话语维护大类艺术的正统性而忽略所谓的小类艺术的关系。这种情况与目前大不相同。由于现代性谈论的聚焦，装饰艺术的讨论在法国也变得热起来。但不管怎样，装饰艺术与法国民众的关系为什么如此密切？

法兰西文化向来给予法国民众一种高雅优越感。也许正是这种民众基础造就了法国的文化政策。这种高雅优越在生活环境中的具体体现便是装饰艺术，法国人也因此将装饰艺术视为生活的艺术。在带领法国乃至欧洲跨入现代时，拿破仑就是将装饰艺术一方面作为民众福利来打造法国生活现代性的，另一方面作为法国形象向海外传达的贸易手段。所以，拿破仑十分鼓励传达民族品质的装饰艺术产业，如家具、瓷器、美食、酒品和高档时装等等。在随后工业化的浪潮席卷欧洲的处境中，法国民众十分担忧他们的生活质量因粗糙的工业产品而下降，并且民族的高雅品质也可能因此丧失。于是也就产生了结社传承生活的艺术而抗衡工业化的侵袭。装饰艺术协会作为私人组织的创立是很好的一个例子，其目的是要改善工业产品。然而这个私人的组织因良好的民众基础而受到国家的青睐，成为具有国家影响力的团体，地位扶摇直上。在其他现代艺术和设计组织引退之际，它的生存长期无忧。正因为如此，20世纪80年代在对现代设计进行大刀阔斧的市场改革时，总统密特朗为政府设立的巴黎展厅以及为总统官邸形象塑造挑选的一批年轻设计师具有浓厚的装饰艺术情趣。2004年装饰艺术协会直接更名为“装饰艺术”作为品牌传达，2006年接受国家政府的委托举办装饰艺术组织回顾展。这几乎可以看作是一个民族的自我归纳，意义不凡，特别是在国际上展开文化品牌竞争的年代。法国外交部网站为建设法国品牌推介的设计领导者中，以装饰情调浓郁的斯塔克为首。其余的11位设计师大部分具有装饰的倾向。如此等等说明，装饰艺术试图维护着法国现代性构建中的文化安全。此时装饰艺术的文化价值已不仅仅限于“美化”的内涵了。

从法国的个例出发，我们或许能感受到西方艺术文化在现代性的构建中跳动的脉搏。在现代性的前提下，西方艺术知识形态在工业化和现代化进程中呈现出丰富的面貌。在意大利和法国，强烈的艺术正统观使现代艺术知识形态更多在政治层面展开。另一方面，现代民众基础却孕育了装饰艺术品牌。而英国的民众基础在对欧洲大陆正统艺术进行创新和改造时，使现代艺术知识形态更多展现在经济层面，筑起一道道人众制造的风景。二战后特别是20世纪60年代起的美国将西方艺术知识形态引向跨未来公众参与的社会层面。这些变幻的面貌也可以从几个展览的典例说明，如1925年法国巴黎装饰艺术博览会，1924年英国帝国博览会以及1939年美国纽约博览会。在这个意义上，我们也期待着2010年上海世博会对中国现代性构建的前景展现。或许，我们还可以引入现代性构建中的“社会公正”概念，探讨艺术知识与社会的互动，这是另外一个话题了，愿今后继续展开讨论。绕了一个圈子引发出的一些思考权作为结束语。

结　语

“艺术”一词前面之所以冠以“公共”一语来谈，说明艺术知识形态原本是传统个体性的经验。仅仅从“画”和“塑”的本源扩展到一切自我创造和表达的冲动也还不够，艺术知识现代性的构建必然要突破个体自足的理想单纯性。因为无论个体自足的艺术正统经验被阐述得如何崇高，它都不能独立于生活文化经验之外。我们的讨论自然不能局限在第一种现代性的独立层面，或许也需要将我们的思维带宽扩容而摆脱画地为圈的思维机制。同时，我们不仅要从空间意义上来探讨，也要从媒体和虚拟意义上来谈。所以转到公共艺术教育的实践，也应当不停留在“是什么”的层面，而更要走向推动社团合作、平等参与和共同阐述社会理念等的目标。由此，公共艺术教育课程设置是否可以进一步从这些目标出发进行以下三个方面深入探索：一是学科性主题课程，包括美术、设计和史论的交叉，并可以限定具体的文化背景，例如传统社会，中国研究等；二是工作坊和社会项目课程，包括各式各类专业课程的动手制作实践，可以从学校的模拟训练扩展到社会的实际操作；三是融通管理的法商课程。事实上，法商课程也应是现代教育的通识内容。借汕头大学公共艺术国际论坛的机会，提出一些不成熟的想法求教于论坛参与者。

参考文献：

1.[英]安东尼 · 吉登斯竹著，田禾译：《现代性的结果》，南京，译林出版社，2000。

2.Marshall Berman. All that is solid melts into the air：the experience of modernity. London：Verso，1983.

3.Elizabeth Bonython and Anthony Burton. The Great Exhibitor：the Life and the Work of Henry Cole. London：V&A Publications 2003.

4.[法]米歇尔 · 福柯著，刘北成、杨远缨译：《规训与惩罚》，上海，上海三联书店，2003；莫伟民译：《词与物》，上海，上海三联书店，2001。

5.英国国家档案馆：《1928年国际展览约束条例》及通信和备忘录，BT 60/9/1。

图1　法国装饰艺术中心协会大门（卢浮宫侧翼）　钱凤根摄　2007年10月23日

图2　法国装饰艺术中心协会橱窗　钱凤根摄　2007年10月23日

大禮堂

后记

○ 靳埭强

这是汕头大学长江艺术与设计学院自2003年成立以来，举办的第四个大型的学术研讨会，也是第一个称为“公共艺术节”的艺术活动。身负改革重任担当院长的职责，我很高兴看到这样一个独特而高水平的国际交流圆满成功，更想以兴奋的心情写一点总结和感言。

我们以“公共艺术”为主题，办一个国际交流活动，是有特殊意义的。首先因为我将学院美术系改革，集中发展“公共艺术”这个新的专业方向，邀请国内外专家莅临我校研究新专业教与学的问题，使我校师生获益良多，增进了大量公共艺术的新认知，亦能启发创意思维。另一个重要的原因，是我们关注中国现代化城市建设过急的发展，在市民生活空间规划上，人文艺术元素融入尤为重要。专家们的卓见能触动这问题的深入思考，也对发展公共艺术教育的问题展开了真诚的辩论。

公共艺术国际研讨结集了国内各具代表性的院校教授和国内外专家，发表专题演讲和论文，还有现场讨论的重要环节，真正对众多公共艺术的规划、创作、管理、教育等问题的探讨。我们并不是期望在短短的会议中寻求答案，但已成功地引起关注和启动了有意义的讨论。

“公共艺术”另一个重要部分是创作和展览。除了在我院展览馆举行的国际公共艺术文献展之外，为了鼓励我校师生的积极参与创作，举办了公共艺术设计方案的征集，将优秀作品制作，陈列在整个汕头大学校园中。这很可能是创校以来，大学校园中最大型的艺术展，它营造了一个非常具视觉冲击力的艺术节庆效应。这不仅令艺术设计学院的师生投入互动，还引来全校师生的关注与反响。最显注的例子是观众对个别作品的不同评议，引起了热烈的讨论，这真正触动了公共艺术的核心问题，也使艺术家、设计师、老师、学生与广大群众互相了解，探索公共艺术的深层意义。

莅临我校参加这次活动的艺术家和与会嘉宾们，都很欣赏汕大山明水秀的校园是一个这样开明进步、朝气蓬勃的艺术创作和学术研究的开放空间。这使我们学院全体师生都感到自豪和珍惜，增添创作和学习动力。

在公共艺术交流活动最后的讨论环节里，大家都倡议将这一专题活动延续，或可在不同的院校交替举办，共同继续深入探讨公共艺术的教育与发展，为国家现代化建设献出自主创新的力量。

最后，我谨代表长江艺术与设计学院向莅临我校的国内外专家、艺术家、教授和老师们致衷心的谢意！也向所有参与策划、推展和接待等工作的师生与行政人员致敬！更要向合作出版这册文献的广西师范大学出版社致谢！

图书在版编目（CIP）数据

集·公共艺术国际论坛暨教育研讨会 / 靳埭强主编. —桂林：广西师范大学出版社，2009. 10

ISBN 978-7-5633-8981-0

Ⅰ. 集… Ⅱ. 靳… Ⅲ. 城市—景观—环境设计—国际学术会议—文集 Ⅳ. TU-856

中国版本图书馆 CIP 数据核字（2009）第 147547 号

广西师范大学出版社出版发行

（广西桂林市中华路 22 号　邮政编码：541001
网址：http://www.bbtpress.com）

出版人：何林夏

全国新华书店经销

深圳市森广源实业发展有限公司印刷

（深圳市宝安区 71 区留仙一路 40 号　邮政编码：518101）

开本：165 mm × 290 mm

印张：11.5　　字数：310 千字

2009 年 10 月第 1 版　　2009 年 10 月第 1 次印刷

定价：58. 00 元